东华理工大学测绘科学与技术一流学科
测绘工程国家一流专业建设点　资助
地理信息科学江西省一流专业建设点
国家自然科学基金项目（42004072）

地下水变化对重力场观测的影响

DIXIASHUI BIANHUA DUI ZHONGLICHANG GUANCE DE YINGXIANG

贺前钱　著

图书在版编目(CIP)数据

地下水变化对重力场观测的影响/贺前钱著.—武汉:中国地质大学出版社,
2021.11
ISBN 978-7-5625-5128-7

Ⅰ.①地…
Ⅱ.①贺…
Ⅲ.①地下水位-水位变化-影响-地球重力场-水文观测
Ⅳ.①P641.2

中国版本图书馆 CIP 数据核字(2021)第 232956 号

地下水变化对重力场观测的影响	贺前钱 著
责任编辑:舒立霞	责任校对:方 焱

出版发行:中国地质大学出版社(武汉市洪山区鲁磨路388号)　　邮编:430074
电　　话:(027)67883511　　传　　真:(027)67883580　　E-mail:cbb@cug.edu.cn
经　　销:全国新华书店　　　　　　　　　　　　　　　　　　http://cugp.cug.edu.cn
开本:787毫米×960毫米　1/16　　　　字数:201千字　　印张:10.25
版次:2021年11月第1版　　　　　　　印次:2021年11月第1次印刷
印刷:武汉市籍缘印刷厂
ISBN 978-7-5625-5128-7　　　　　　　　　　　　　　　　　定价:46.00元

如有印装质量问题请与印刷厂联系调换

前 言

地下水变化可引起数十微伽的地面重力场变化,因此有效消除地下水影响,是利用地面重力场观测监测和研究地壳运动及地下物质运移的关键步骤之一。基于超导重力仪(Superconducting Gravimeter,SG)的高精度重力观测,研究并建立地下水变化与重力场变化之间的定量关系,一方面可以利用地下水文资料消除地下水变化的重力影响,增强超导重力仪对地球物理学/地球动力学信号的探测能力;另一方面可以利用超导重力仪长期连续地监测与地下水质量流动相关的各种水文现象,并应用于地下水储量变化、土壤参数估计、水文地质模型约束等方面的研究。本书利用拉萨站和武汉九峰站两个超导重力仪观测台站的高精度重力观测数据及水文、气象等资料,对潜水层饱和与非饱和带的地下水储量变化及其水文重力效应进行了详细研究。主要内容与结论如下。

1. 超导重力仪工作原理及其数据分析与处理

介绍了超导重力仪的主要部件和基本工作原理,并对其格值标定、数据预处理方法和调和分析原理进行了阐述,以拉萨站 2009 年 12 月至 2014 年 3 月的超导重力实测资料为例进行了数据处理分析展示。精密扣除超导重力观测中潮汐、气压、极移和漂移效应后的相关性分析表明,拉萨站超导重力残差和地下水位变化高度相关(相关系数约为 0.71),初步说明重力残差中主要包含的是地下水变化的信号。

2. 地下水储量变化模拟及其重力场影响

利用地下水流动的达西定律和表征质量守恒原理的连续性方程,详细推导了非饱和状态下的地下水渗透方程。根据有限差分法的基本原理,详细给出了渗透方程 3 种差分格式的有限差分解算方法。在获得的地下水质量分布变化基础上对其重力效应进行了精确计算。最后对比分析了不同解算方法对地下水模拟结果及其重力效应的影响,并对其中的层间参数取值和非线性方程的线性化问题进行了探讨。结果表明,在日本 Isawa 超导台站,不同层间参数加权公式最大能够引起约 $0.15\,\mu\mathrm{Gal}$ 的重力效应差异,对水文重力效应估计的影响在 1.9% 以内;不同差分格式和线性化方法组合形式最大能够引起约 $0.12\,\mu\mathrm{Gal}$ 的重力效应差异,对水文重力效应估计的影响在 1.5% 以内。该结果可以为一维地下水模拟及重力效应改正的算法选取提供参考,并应用于其他同类地区重力台站的相关研究。

3. 拉萨与武汉九峰超导重力观测站的地下水重力场影响研究

利用中国气象局国际交换站的气象观测和监测水井的水位观测资料,对拉萨和武汉九峰两个超导重力观测站的局部地下水分布及其重力场影响进行了模拟。结果显示,拉萨站和武汉九峰站局部地下水重力场影响的峰对峰变化幅度分别达到 $4.88\,\mu\mathrm{Gal}$ 和 $15.94\,\mu\mathrm{Gal}$,说明利用精密重力观测进行局部地下水改正的必要性。而两台站间的地下水重力场影响的幅度差异主要与地下水位的变化幅度大小有关。无论在时域还是频域上,模拟计算的地下水重力效应和超导重力残差在趋势上均有很好的一致性,进一步说明超导重力残差的主要信号来源是局部区域地下水的变化,同时这种一致性也验证了本书模拟结果的正确性。此外,超导重力残差能够很好地反映出地下水重力场影响随时间变化的季节性和年际性特征,因此采用超导重力残差可以获得台站局部地区的平均地下水分布,可为理解地下水的渗透过程提供重要约束。

4. 拉萨站水文重力场影响模拟结果与全球水文模型计算结果的比较

利用不同的全球水文模型(如全球陆面数据同化系统的 GLDAS/noah、欧洲中期天气预报中心 ECMWF 数值模型和再分析模型 ERA-Interim、全球模拟融合办公室 GMAO 的 MERRA-land)对拉萨站的局部地下水重力场影响进行了计算,并与超导重力残差进行了对比。结果表明,本书地下水动力学模拟方法计算的拉萨站局部水文重力场影响与超导重力残差的差异具有更小的标准差,说明相比这几种全球水文模型,本书的模拟方法能够更好地估计拉萨站的局部地下水变化及其重力场影响。

5. 初始条件、土壤参数及地形对局部地下水分布及其重力效应模拟的影响

以拉萨站为例,讨论了初始条件和土壤参数对局部地下水分布及重力效应的影响。虽然初始条件的差异能够引起较大的初始重力场影响差异,但随时间的推移,初始条件引起地下水重力场影响的差异迅速消失。而准确的土壤参数(渗透系数 K_s 及其变化率 a、扩散系数 D_s 及其变化率 b),尤其是 K_s 和 D_s 的取值,对地下水分布及其重力场影响的模拟至关重要。最后以武汉九峰站为例,讨

论了地形对地下水重力效应计算的影响,在倾斜平板模型中,九峰山体坡度(约3.5%)对水文重力效应估计的影响约为0.06%,在可以忽略的范围内。当然,这是简化后的结果,收集更多详细的水文地质和地形资料,采用精细的三维地下水渗透模型获得更加精确的模拟结果将是下一步的研究方向。

6. 武汉九峰站地下水变化对重力固体潮调和分析的影响

以武汉九峰站为例,从标准差、振幅因子和残差频谱3个方面分析了该站地下水对重力固体潮调和分析结果的影响。结果表明,地下水位季节变化项的振幅要比其他潮汐频段的谱峰大2个数量级左右,因此可确定地下水变化的能量主要集中在季节项上,但是周日及更短周期的频段也有少量能量。在不加高通滤波的情况下,考虑地下水位变化的影响对调和分析的总标准差稍有减小,周日频段、半周日频段、三分之一周日频段、四分之一周日频段的标准差都稍有增大,地下水对周期大于周日的长周期频段结果影响明显。在加高通滤波的情况下,加入地下水后调和分析的标准差及振幅因子的结果几乎没有变化,残差振幅谱的差异在$\pm 0.001\ \text{nm/s}^2$之内,说明对周日及更短周期的潮汐频段调和分析时,无需考虑地下水的影响。研究结果可为重力潮汐数据中的地下水重力影响研究及更精确的重力固体潮汐参数的获取提供重要参考。

7. 用超导重力技术定量分离局部非饱和带地下水储量变化

借鉴GRACE地下水储量变化研究中将观测地下水位的深度变化转换为水储量变化的做法,提出了一种基于单台超导重力仪及地下水位观测数据实现局部非饱和带地下水储量变化定量分离的新方法,并以武汉大地测量国家野外科学观测研究站(武汉站)的超导重力仪GWR-C032和同期地下水位观测数据进行了实测数据验证。计算结果表明用超导重力技术获得的非饱和带地下水储量变化趋势与用局部水文模型法得到的结果有较好的一致性,说明利用超导重力与地下水位观测可实现局部非饱和带地下水储量变化的定量分离。在2008年5月至2010年4月研究时段内,武汉站非饱和带地下水储量峰对峰变化幅度可达1580mm,且其变化趋势与地下水储量总变化趋势以及饱和带的地下水储量变化趋势几乎完全相反,说明非饱和带有明显减缓地下水储量变化的作用。

著者

2021年7月

目 录

第1章 绪 论 ·· (1)
  1.1 研究背景及意义 ·· (1)
  1.2 研究历史与现状 ·· (5)
  1.3 本书主要内容 ··· (8)

第2章 超导重力仪工作原理及其数据分析与处理 ······················· (10)
  2.1 超导重力仪原理 ·· (10)
  2.2 格值标定 ·· (13)
  2.3 超导重力数据的预处理 ·· (15)
  2.4 调和分析 ·· (16)
  2.5 超导重力残差 ··· (20)
    2.5.1 潮汐信号 ··· (21)
    2.5.2 气压改正 ··· (22)
    2.5.3 极移改正 ··· (23)
    2.5.4 仪器漂移项 ·· (24)
  2.6 本章小结 ·· (27)

第3章 地下水储量变化模拟及其重力场影响 ······························ (28)
  3.1 地下水储量变化模拟 ··· (28)
    3.1.1 相关基本概念 ·· (28)
    3.1.2 地下水分布的数值描述 ··· (32)
    3.1.3 达西定律 ··· (34)
    3.1.4 渗流的连续性方程 ··· (35)
    3.1.5 一维地下水渗透方程 ·· (37)
    3.1.6 土壤参数 ··· (39)
    3.1.7 边界条件和初始条件 ·· (40)

     3.2 渗透方程的数值解算 …………………………………………… (43)
       3.2.1 差分原理 …………………………………………………… (45)
       3.2.2 显式差分 …………………………………………………… (46)
       3.2.3 隐式差分 …………………………………………………… (49)
       3.2.4 中心差分 …………………………………………………… (50)
       3.2.5 线性化问题 ………………………………………………… (51)
     3.3 地下水重力场影响 ……………………………………………… (52)
     3.4 差分方法比较 …………………………………………………… (53)
       3.4.1 层间参数取值的加权公式比较 …………………………… (53)
       3.4.2 不同差分格式和线性化方法的比较 ……………………… (56)
     3.5 本章小结 ………………………………………………………… (57)
   第4章 拉萨超导站地下水重力场影响研究 ……………………………… (58)
     4.1 引 言 …………………………………………………………… (58)
     4.2 观测数据 ………………………………………………………… (61)
       4.2.1 超导重力观测数据 ………………………………………… (61)
       4.2.2 气象观测数据 ……………………………………………… (65)
       4.2.3 地下水位观测 ……………………………………………… (69)
     4.3 模拟方法 ………………………………………………………… (70)
       4.3.1 土壤参数取值 ……………………………………………… (71)
       4.3.2 具体计算过程 ……………………………………………… (72)
     4.4 计算结果 ………………………………………………………… (73)
       4.4.1 土壤含水率的初始状态 …………………………………… (73)
       4.4.2 土壤含水率的时空分布 …………………………………… (74)
       4.4.3 地下水重力效应 …………………………………………… (76)
     4.5 讨 论 …………………………………………………………… (78)
       4.5.1 全球水文模型计算结果 …………………………………… (78)
       4.5.2 初始条件的影响 …………………………………………… (79)
       4.5.3 土壤参数的影响 …………………………………………… (80)
     4.6 本章小结 ………………………………………………………… (85)
   第5章 武汉九峰站地下水重力影响研究 ………………………………… (87)
     5.1 引 言 …………………………………………………………… (87)
     5.2 观测数据 ………………………………………………………… (88)

  5.2.1 超导重力观测数据 ……………………………………… (89)
  5.2.2 气象观测数据 …………………………………………… (94)
  5.2.3 地下水位观测 …………………………………………… (97)
 5.3 模拟方法 ……………………………………………………… (98)
 5.4 计算结果 ……………………………………………………… (99)
  5.4.1 土壤含水率的初始状态 ………………………………… (99)
  5.4.2 土壤含水率的时空分布 ………………………………… (100)
  5.4.3 地下水重力效应 ………………………………………… (101)
 5.5 地形影响 ……………………………………………………… (104)
 5.6 本章小结 ……………………………………………………… (106)

第6章 地下水变化对重力固体潮调和分析的影响 ……………… (107)
 6.1 引 言 ……………………………………………………… (107)
 6.2 Eterna 调和分析原理 ………………………………………… (108)
 6.3 观测数据 ……………………………………………………… (109)
 6.4 结果及讨论 …………………………………………………… (111)
 6.5 本章小结 ……………………………………………………… (117)

第7章 用超导重力技术定量分离局部非饱和带地下水储量变化 … (118)
 7.1 引 言 ……………………………………………………… (118)
 7.2 定量分离非饱和带水储量变化所需各类数据 ……………… (121)
 7.3 非饱和带地下水储量变化的定量分离 ……………………… (126)
  7.3.1 用局部水文模型法进行非饱和带水储量变化的定量分离 … (126)
  7.3.2 用超导重力技术进行非饱和带水储量变化的定量分离 …… (128)
 7.4 非饱和带地下水储量变化定量分离结果的对比分析 ……… (131)
  7.4.1 局部水文模型法与超导重力技术定量分离结果的对比分析
   ………………………………………………………………… (131)
  7.4.2 局部水文模型法地下水储量变化结果与 GLDAS 模型对应结果的对比分析 ……………………………………………………… (133)
 7.5 本章小结 ……………………………………………………… (135)

第8章 总结与展望 ……………………………………………… (137)
 8.1 总 结 ……………………………………………………… (137)
 8.2 工作展望 ……………………………………………………… (140)

主要参考文献 ………………………………………………………… (141)

第1章 绪 论

1.1 研究背景及意义

重力场变化是反映地球内部物质密度变化和各种环境下的地球动力学特征最基本、最直接的物理量(孙和平,2004)。高精度的重力观测可以用于研究固体地球潮汐、地球自由振荡、地球自由(和受迫)章动、地球极移效应和钱德勒摆动、液态地核自由振荡、固态内核平动振荡和各种核模、构造运动和地壳长期形变、海平面变化、地震过程及重力与海洋和大气的耦合效应等。利用高精度重力测量技术结合地球形变测量技术,获得对地球运动的客观认识,从而进一步研究多种大地测量学和地球物理学问题,这已成为当今世界各地科学家的共识(孙和平等,2000)。

随着重力观测技术的发展,特别是超导重力仪(SG)的出现,重力观测的精度不断提高,为研究地球重力场的微弱变化提供了可靠技术保障。从第一台 LaCoste-Romberg(LCR)型弹簧重力仪的出现(Woollard,1956),到超导重力仪设计原型的提出(Prothero and Goodkind,1968)及其商业化制造公司 GWR 的形成(1979 年)和发展,再到 1990 年前后第一台 FG5 型绝对重力仪的问世(Niebauer et al.,2005),时至今日,地面重力观测技术取得了跨越式的进展。仪器操作变得更加简单,便携性也具有很大的改善,观测精度从最初的毫伽级(1 毫伽 = 1 mGal = 1×10^{-5} m/s^2)提升到了微伽级(1 微伽 = 1 μGal = 1×10^{-8} m/s^2),甚至纳伽级(1 纳伽 = 1 nGal = 1×10^{-11} m/s^2)(Crossley et al.,2013)。尤其是超导重力仪,它具有极高的灵敏度和稳定性、极低的噪音水平和漂移,以及极宽的动态频率响应范围,观测精度可达纳伽级,是目前国内外同行公认观测精度最高的重力观测设备，可以用于检测各种地球物理学现象甚至地球深内部的微弱重力信号，图1-1直观显示了超导重力仪可检测到的地球物理学信号的频率范围，周期范围可从1s延续至数年。为了推动超导重力仪在地球动力学研究中的应用以及促进各个超导重力研究小组的交流合作，国际大地测量和地球物理联合会（International Union of Geodesy and Geophysics, IUGG）下属的地球深内部研究小组（Study of the Earth's Deep Interior, SEDI）于1997年以覆盖全球多个国家和地区的超导重力仪为基础，组织实施了全球地球动力学计划（Global Geodynamic Project, GGP）(Crossley and Hinderer, 1995)。GGP项目已于2015年将所有的工作和数据都转入了国际大地测量协会（International Association of Geodesy, IAG）下的新服务——国际地球动力学与固体潮服务（International Geodynamics and Earth Tide Service, IGETS）。该服务继续着GGP的各项任务和工作，故仍保留GGP的名称。参与GGP项目的超导重力仪目前已达30多台，图1-2给出了GGP官方网站发布的1997—2013年台站全球分布情况。多年来，GGP项目已经积累了丰富的长期超导重力观测资料，并利用这些连续精密重力资料建立了全球共享数据库，为检测和研究各类地球物理/地球动力学现象提供了良好的数据基础。

然而地下水的变化会引起地下水质量的迁移和重新分布，主要表现为地下水位和土壤含水率的变化，能够引起重力场观测随时间的变化，因此重力场变化当中也包含着地下水的变化信息。如图1-1所示，地下水重力场影响的频率范围很广，研究表明在影响最大的半年和周年频段上，其振幅可达10 μGal量级，会掩盖重力场观测中的诸多微弱信号。因此研究地下水变化对重力场观测的影响是十分必要的。

地下水变化的重力场影响研究可以分为正演和反演两个方面。正演，即由地下水的变化确定其对重力场观测的影响；反演，即由观测的重力场变化确定地下水的变化或水文模型相关的参数。两个方面的研究都具有相当重要的意义。

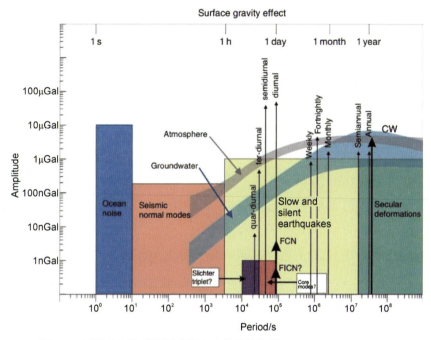

图 1-1　超导重力仪可检测到的地球物理学信号(据 Hinderer et al.,2007)

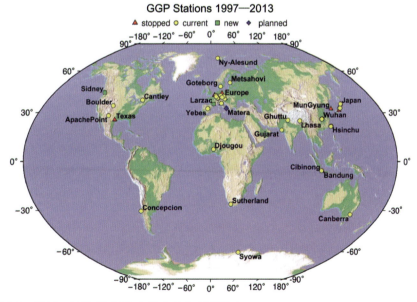

图 1-2　1997—2013 年 GGP 台站全球分布情况(据 www.eas.slu.edu/GGP/ggphome.html)

首先，高精度地面重力场观测作为探测各种地球物理/地球动力学信号的有力工具，已被应用于地球内部结构（Hinderer and Crossley, 2000）、地球内部动力学（徐建桥等，2001；孙和平等，2004；Shiomi，2008）、板块运动（Francis et al.，2004；Sato et al.，2012）、冰后回弹（Lambert et al.，2001；Sato et al.，2006；Steffen et al.，2009）、火山运动（Kazama et al.，2015）等研究中，这些方面的应用研究也越来越受到关注。而地下水位、土壤含水率等相关局部地下水储量变化，能够对地面重力场观测产生十几微伽至几十微伽的影响，掩盖其中较为微弱的地球物理/地球动力学信号。因此，有效消除地下水的影响，是利用地面重力场观测研究和监测地球物理/地球动力学现象的关键步骤之一。通过精密消除地下水变化的影响，提高重力场观测中地球物理/地球动力学信号的信噪比，能够大幅提升探测地球表面和内部质量变化与物质迁移的能力，从而促进对现今地球演变过程的深入了解。

其次，人类用水需求的持续增长和全球水资源的日益匮乏，需要运用更加精确有效的监测手段来实时监测和管理人类主要淡水来源之一的地下水。而地下水流动所引起的重力场变化能够被地面重力观测仪器记录到，一旦经过其他改正（干扰、潮汐、大气、极移和仪器漂移改正）之后，重力场观测资料就能应用于地下水变化的研究。相应地，在大地测量/地球物理学领域，重力场观测中包含的地下水重力效应逐渐由"噪声"转变为"信号"，用以估计含水层的给水度（Montgomery，1971；Hector et al.，2013）、约束地下水文模型（Christiansen et al.，2011a；Lien et al.，2014）、确定地下水储量变化（Creutzfeldt et al.，2010a）、了解地下水流动过程（Kroner and Jahr，2006）等。重力观测不同于传统水文测量，不受传统点位土壤湿度和地下水位观测的高时空依赖性限制，可给出较大范围内包括地下水各个组成部分在内的总体变化量的重力响应，为水文模型的精化提供重要约束，也可为大地测量/地球物理学与水文学的交叉融合奠定实践基础。

1.2 研究历史与现状

Bonatz(1967)模拟了土壤湿度变化对重力场观测的影响,这是关于地下水变化和重力变化之间关系的最早研究。Goodkind(1986)、Pool 和 Hatch(1991)等也分别观测到了降水补给和人工蓄水引起的重力变化。随后,许多学者都对重力场观测中的地下水重力效应进行了研究(Francis et al.,2004;Abe et al.,2006;Boy and Hinderer,2006;Meurers et al.,2007;Jahr et al.,2009;Longuevergne et al.,2009;Pfeffer et al.,2011)。

计算地下水重力效应的方法大体可分为:经验模型法和物理模型法。经验模型法通常是根据水文数据(如降水量、土壤含水率、地下水位等)和重力观测值之间的简单回归分析结果得到(Imanishi et al.,2006;Nawa et al.,2009;Lampitelli and Francis,2010;Harnisch and Harnisch,2006),其优点是无需知道地下水流动系统的详细性质和动力学过程,便可对重力场观测进行地下水重力效应的改正;缺点是往往假定降水量与其重力响应之间存在线性关系,缺乏物理基础,易高估或低估地下水重力效应的准确幅度。而物理模型法则不依赖于重力观测,由观测或模拟的地下水分布计算其相应的地下水重力效应(Abe et al.,2006;Hasan et al.,2008;Kazama and Okubo,2009;Krause et al.,2009;Naujoks et al.,2012)。如 Leirião 等(2009)建立了一套由三维水质量分布模型精密计算水文重力效应的正演方法,通过抽水试验的验证发现,该方法模拟计算的水文重力效应与理论积分计算的水文重力效应在不同的时间和空间距离上都具有相当好的一致性。

地面重力测量仪器中,弹簧重力仪不仅观测精度较低($5\,\mu Gal$),而且仪器零漂过大;绝对重力仪虽然观测精度($1\sim2\,\mu Gal$)满足要求,但由于观测成本限制,不支持长时间的连续观测。而超导重力仪具有极高的灵敏度和稳定性、极低的噪声水平和仪器漂移,既有超高的观测精度(可达纳伽级),又能以 1 s 的采样间隔进行长期连续观测,是连续监测和研究局部地下水重力效应的理想选择。许多国际超导重力仪台站都对局部的地下水重力效应进行了大量的研究,如比利时的 Membach 台站、日本的 Mt. Matushiro 台站、法国的 Strasbourg 台站、德国的 Wettzell 台站、中国台湾的 Hsinchu 台站等(Van Camp et al.,2006;Imanishi et al.,2006;Longuevergne et al.,2009;Creutzfeldt et al.,2010a,b;Lien et al.,2014)。特别是在德国的 Wettzell 台站,该台站是唯一同时具有称重式蒸渗仪(Weighable Lysimeter)和超导重力仪的观测站,其中蒸渗仪能够提供土壤湿度变化的连续观测时间序列,可以作为降水、蒸发和土壤深部地下水流动的精确观测值,为研究地下水重力效应提供了良好的数据基础。Creutzfeldt 等(2010b)利用蒸渗仪的独立水文观测量,采用 Leirião 等(2009)提出的水文重力效应计算方法,在不加任何重力约束的条件下,精确重现了 Wettzell 站局部地下水变化的重力效应,以消除地下水变化对高精度地面重力场观测的影响。计算结果与超导重力残差高度吻合,相关系数高达 0.987,差异的标准差(SD)仅为 0.44 μGal(图 1-3),是目前为止局部地下水重力效应和超导重力残差之间一致关系的最好展示。

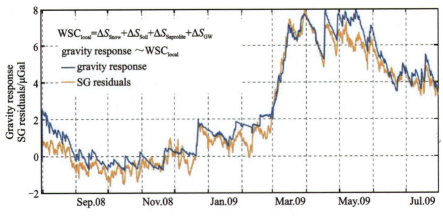

图 1-3 德国 Wettzell 台站超导重力残差和局部地下水重力效应估计

(据 Creutzfeldt et al.,2010b)

基于上述正演模型的发展与完善,一方面促使地面重力观测在其他地球物理/地球动力学现象中的应用研究可靠性提升,如 Kazama 等(2015)将三维水文重力效应计算模型 G-WATER[3D]改正后的绝对重力观测用于火山岩浆活动的监测,在其水文模型中加入了最新实测的土壤参数和边界条件,模拟的水文重力效应振幅可达 $20\,\mu\mathrm{Gal}$,与实测绝对重力观测吻合较好,差异的标准差为 $2.6\,\mu\mathrm{Gal}$。在去除地下水重力效应的重力观测结果中发现了振幅约 $5\,\mu\mathrm{Gal}$ 的绝对重力变化,且能被火山活动很好地解释。另一方面,也进一步增大了地面重力观测在局部水文学研究中的应用潜力,如 Montgomery(1971)最早从地下水位起伏和重力变化之间的关系出发估计了含水层的给水度。Lien 等(2014)利用三维水文动力学模拟软件 MODFLOW,加入地下水位、地质分层结构等实测土壤数据,模拟了台湾新竹断层以不同构造模型为边界条件的地下水分布,将各个模型下的地下水分布所导致的重力效应与超导重力残差进行对比,验证各个断层模型的合理性,实现了基于高精度地面重力观测评估断层活动性的目的,也拓宽了超导重力仪的应用范围。

在中国大陆地区,虽然贾民育等(1983)就曾利用京津唐地区 1971—1976 年 98 口水井的地下水位记录,采用无限平板模型的重力效应公式,计算了潜水层水位变化对重力场观测的影响,并讨论了以无限平板模型代替有限平板模型而引起的误差和计算范围的选取。但是,随后的国内研究(张为民等,2001;岳建利等,2010)依然停留在使用一维平板模型来研究地下水位和土壤湿度变化对重力场观测影响的阶段,并且对于局部地区的水文地质情况调查研究极为简单,除了水井水位观测之外没有任何其他的水文与气象观测资料,也就无法进行二维或者三维模型的扩展,以实现更加精确的正演模拟。

鉴于地面重力观测在大地测量/地球动力学问题研究中的应用日趋广泛,以及观测网络覆盖范围的持续扩大和数据积累的不断丰富,地下水重力场影响研究的必要性日趋显现。一方面,精密消除地下水重力效应对重力场观测的影响,有利于检测和研究重力场观测中微弱的大地测量/地球动力学信号,促进我们对现今地球演变过程的深入了解;另一方面,由于重力变化与地下水位、土壤湿度、水文模型参数等水文学因素密切相关,因此,重力场观测可为地下水文研究提供一种新型的监测手段,为人类水资源的管理规划提供有效的基础数据支撑。

尽管我国武汉(Wuhan)、拉萨(Lhasa)和丽江(Lijiang)等多个超导重力仪台站相继建立并积累了丰富的观测数据,为利用高精度地面重力场观测研究局部地下水重力效应提供了充分的数据基础,但相关的研究工作仍处于起步阶段(贺前钱等,2016)。因此,本书将在建站较早、累计观测时间较长的武汉九峰和拉萨两个超导重力台站,利用水文和气象观测数据模拟台站局部地下水的分布及其重力场影响,期望得到与超导重力残差吻合较好的正演结果。不仅可将精密剔除地下水效应的重力场观测资料应用于地球物理/地球动力学现象的精细化研究,也可为重力观测在局部水文学中的应用研究奠定基础。

1.3 本书主要内容

本书详细研究了潜水层地下水变化对武汉九峰站和拉萨站两个超导台站的重力场观测影响,主要内容如下:

第1章绪论,阐述本研究的背景及意义,介绍地下水重力场影响研究的国内外研究历史与现状。

第2章详细介绍超导重力仪的工作原理及其数据分析与处理方法,对非水文重力效应进行精密扣除,得到主要与地下水变化相关的超导重力残差,以便后文与模拟的地下水重力场影响进行对比。

第3章在简单介绍地下水基本概念的基础上,基于地下水渗透的动力学机制,详细推导了潜水层非饱和带的地下水渗透方程及其有限差分解算方法。以日本 Isawa 超导台站为例,对比分析不同差分方法对潜水层非饱和带的地下水分布模拟及相应水文重力效应的影响,并对其中的层间参数取值和非线性方程线性化问题进行探讨,为地下水模拟及其重力效应改正的算法研究提供重要参考。

第4章、第5章根据第3章介绍的思路和方法,利用水文、气象观测资料和地下水渗透方程,分别对拉萨站和武汉九峰站的局部潜水层非饱和带地下水分布及其重力效应进行模拟,将模拟结果与超导重力残差及全球水文模型的计算结果进行对比,验证模拟方法的效果与正确性,最后对影响模拟过程的若干因素进行了讨论。

第 1 章　绪　论

第 6 章以武汉九峰站为例,从标准差、振幅因子和残差频谱 3 个方面分析了该站地下水对重力固体潮调和分析的影响。研究结果可为重力潮汐数据中的地下水重力影响研究及更精确的重力固体潮汐参数的获取提供重要参考。

第 7 章提出了一种定量分离非饱和带地下水储量变化的新方法,即基于超导重力技术实现非饱和带与饱和带地下水储量变化的定量分离,并以武汉站的超导重力观测数据为例,结合地下水位观测数据对新方法进行了实例验证。

第 8 章对本书研究的内容和成果进行总结,指出存在的不足之处和改进方向,并对下一步的研究工作进行了展望。

第 2 章 超导重力仪工作原理及其数据分析与处理

超导重力仪由美国 GWR 仪器公司研发，是目前国内外同行公认的观测精度最高、稳定性和连续性最好的重力观测设备。其灵敏度可达 0.001 μGal，漂移率小于 10 μGal/a，是连续监测重力场随时间变化的理想选择。虽然超导重力仪具有许多上述传统重力仪无法比拟的优势，但与所有重力观测技术一样，它观测到的是一个包含各个效应分量的总和。即超导重力观测不仅受到日、月及其他天体的引力影响，也受到各种环境因素（如气压变化和地下水变化）和地球物理/地球动力学现象的影响。在将超导重力观测应用于具体问题的研究之前，必须将重力观测中与研究内容无关的其他效应予以精确分离或者剔除。

本章简述超导重力仪的工作原理，并对确定仪器转换参数的格值标定、去除干扰信号的预处理、估计台站实测重力潮汐参数的调和分析进行介绍。然后根据本书研究的地下水重力效应的特定目标对超导重力观测数据进行处理，将其中的其他效应予以扣除，主要包括实测重力合成潮的扣除、大气效应的改正、极移效应的改正和仪器漂移的去除。

2.1 超导重力仪原理

超导重力仪由 Prothero 和 Goodkind 于 1968 年发明，多年来不断升级改进，如杜瓦瓶的效率提高、仪器体积减小、观测信号的稳定性和精度提高，但其核心工作原理一直未变，且一直保持着高精度、高时间分辨率、高稳定性和低漂移率的特性。

传统的弹簧重力仪中，测试质量块是由机械弹簧悬挂在仪器内部，然而由于悬挂弹簧机械方面的因素影响,即使在管理良好的热环境下,也会存在非常不稳定的漂移现象,而且难以在数据的后处理中予以去除。超导重力仪则采用超导磁悬浮小球来取代悬挂质量体,用超导线圈形成的恒稳磁场来取代机械弹簧,从而从根本上克服了机械式弹簧重力仪的漂移问题。

超导重力仪主要由重力感应单元(GSU)、杜瓦瓶、倾斜仪、自动倾斜补偿系统和重力仪电子控制装置组成。如图 2-1 所示,重力感应主要由一个直径 2.5 cm 的铌制超导小球(SUPERCONDUCTING SPHERE)、磁场线圈、电容测微器和反馈线圈等部分组成。

超导小球由于铌制磁场线圈产生的磁场力而悬浮在空中,因为超导小球在超导状态下具有理想的抗磁性,电流经过磁场线圈产生磁场,会使超导小球的表面产生一个排斥电流,电流与磁场的相互作用使得超导小球悬浮于空中。磁场线圈包括上下两个,向上的磁悬浮力主要是下部线圈产生的,上部线圈则是用来调节磁力梯度(等同于弹簧常数)。通过对两个线圈中的电流大小进行精确的调控,可使磁力梯度非常微弱,因而非常小的重力(加速度)变化就能使超导小球产生大的移动,所以超导重力仪有着非常高的灵敏度。

超导重力仪的重力观测值由电容测微器和反馈线圈组成的反馈系统获得。当超导小球受到的重力发生变化时会产生相应的位移,位移的大小可被电容测微器监测到,并迅速调节反馈线圈两端的电压值,使超导小球重新回到原始的"零点位置",此反馈电压的大小即表征了重力的大小。

另一个需要考虑的问题是外部磁场的隔离,由于悬浮是基于电磁感应,若不采取隔离措施,外部地球磁场的变化会对超导线圈的恒稳磁场产生干扰,降低仪器的稳定性甚至造成系统的瘫痪。因此需要用超导屏蔽将整个重力感应单元包围,防止地球的磁场进入传感器所在的空间。同时,感应单元处于一个真空罐中,其外则为充满液氦的杜瓦瓶,可使感应单元内的热力学温度控制在 4 K 左右,保证设备正常工作所需的超导温度条件。

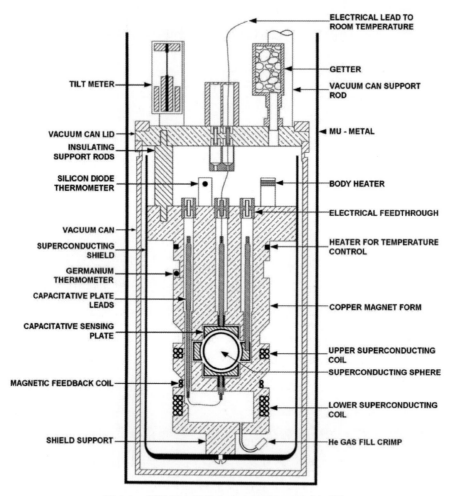

图 2-1 超导重力仪重力感应单元(GSU)剖面图

(据 www.gwrinstruments.com)

超导重力仪观测的是重力垂直方向上的分量,因此对仪器竖轴线的垂直度有严格的要求,若要达到仪器的标称精度,则其竖轴线的倾斜角须控制在 $1\mu rad$(微弧秒,$1\ \mu rad = 10^{-6}\ rad$)之内(Goodkind,1999)。故仪器配备了避免倾斜存在的自动倾斜补偿系统,属于重力感应单元反馈系统的一部分,它包含两个垂直的摆锤倾斜感应器,用以控制 X 和 Y 方向上的两个热电机械校正仪,调整仪器的倾斜状态。

电子控制设备包括重力、温度、倾斜、冷却和杜瓦瓶电子感应及控制系统,也包括记录重力观测值、仪器操作参数和环境参数(如大气压力)的数据采集系统。超导重力仪的初始采样间隔时间为1 s,使用数字滤波器(GGP filter)可以重新采样滤波为特定的采样间隔(如10 s或20 s)。该系统还具有远程控制功能,可以远程设置重力、温度、倾斜以及数据采集的参数。

目前,新研发推出的具有两个超导小球的双球型超导重力仪,与单球型的超导重力仪原理相同,只不过是包含一上一下两套相互独立的超导小球与电容测微器。它的主要创新在于使得超导重力仪能够准确检测并消除仪器的突跳信号,不再混淆于真实的重力突跳信号或地球物理噪声当中。

2.2 格值标定

超导重力仪属于相对重力仪,数据采集系统给出的原始记录是反馈线圈的电压变化值(V),而并非真正的重力变化值(μGal)。因此需要对其进行标定,确定电压与重力之间的转换因子——格值(或称标定因子,μGal/V)之后,才能进行后续的应用分析。虽然出厂前仪器生产厂家会标定每台超导重力仪的格值,并提供仪器的观测精度,但由于搬运、安装、周围环境变化以及仪器元件老化等,仪器格值会不同于刚出厂时的测定值,所以观测之前仍有必要对仪器格值进行标定。格值标定是一项非常重要的基础性工作,只有在精确确定仪器格值的基础上,才能将超导重力观测资料应用于地球物理/地球动力学现象的解释应用当中。目前普遍采用的是利用绝对或相对重力仪同址观测的方法对超导重力仪进行格值标定,其原理是假定位置相近的两台仪器(同一台站)受到的重力相同,它们对重力变化的响应会呈线性关系。利用绝对重力仪或格值因子已知的相对重力仪测定的实际重力变化,可以用线性回归的方法确定超导重力仪的格值因子。研究表明,利用同址观测方法可对超导重力仪的格值进行精密测定(Hinderer et al.,1991;Francis et al.,1998;孙和平等,2001)。

表 2-1 给出了武汉九峰站 SG C032 的历次格值标定情况,可以看出,各次标定的结果随着时间会发生一定程度的变化,最大变化幅度接近 0.8%,因此对于高精度的连续重力观测,定期进行仪器格值的标定是十分必要的(徐建桥等,2014)。

表 2-1 武汉九峰站 SG C032 格值标定情况

观测区间	FG5 采样间隔/s	FG5 总落体数	有效落体数	SG 格值/(μGal·V^{-1})	相对精度/%
1999-01-29 至 1999-02-01	20	13 399	7205	−84.019 0±0.207 0	0.25
2000-08-13 至 2000-08-16	10	8700	3719	−84.667 8±0.175 9	0.21
2007-03-02 至 2007-03-05	10	15 201	7307	−84.117 4±0.142 0	0.17
2011-03-03 至 2011-03-07	10	10 320	9859	−84.557 4±0.158 4	0.19

徐建桥等(2012)通过与 LaCoste Romberg ET20 型弹簧重力仪的对比观测,对拉萨站超导重力仪的格值进行了标定,格值因子为(−77.735 8±0.013 6)μGal/V,相对精度为 0.02%。图 2-2 显示了利用该格值因子对拉萨站 2010 年 1 月 18 日的原始电压输出值进行格值转换后的重力变化。

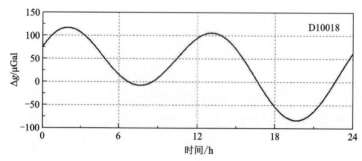

图 2-2 拉萨站超导重力仪 2010 年 1 月 18 日经过格值转换后的原始重力变化

2.3 超导重力数据的预处理

在利用超导重力数据进行应用分析之前,需要去除各种干扰信号对观测数据的影响。这些干扰信号主要包括:①由自然或人为高频事件造成的干扰和仪器本身原因而产生的尖峰;②由地震等地球物理场变化引起的重力扰动;③由于大地震、液氦填充和仪器原因产生的阶跃;④由于供电或仪器故障而产生的间断。通常的超导重力数据预处理步骤包括:

(1)用上一节得到的格值因子将原始电压值转换成重力值,如存在相位延迟,则需进行相位平移改正。

(2)扣除理论固体潮、海潮负荷和大气压力效应,这里采用标准大气重力导纳值($-0.32\,\mu\text{Gal/hPa}$)即可。经过该项处理之后,在得到的重力残差中更容易发现干扰信号的存在。

(3)去除尖峰和阶跃,填补数据间断,得到修正的重力残差值。其中,由于累积效应,阶跃对长期趋势项的影响非常明显。而且,在修正时也须格外注意,因为阶跃可能是来自地震或降水引起的真实信号。

(4)将第(2)步中扣除的信号加回到修正的重力残差上,得到经过改正之后的重力观测值。重采样为特定采样间隔的数据,如用于潮汐调和分析的 1 h 采样数据,或用于地球自由震荡研究的 1 min 采样数据。GGP 官方网站上提供了许多数据重采样滤波器(http://www.eas.slu.edu/GGP/ggpfilters.html)。

数据的预处理有很多不同的方法,而且各个超导重力研究小组都有各自的预处理策略。即使用相同的预处理工具,也会不可避免加入人为因素的差异。Hinderer 等(2002)对比了 4 种不同的数据预处理方法或软件对超导重力数据的影响,指出预处理对超导重力数据的各个频段都很重要,长周期地震、亚地震频段的噪声水平跟选取的处理流程十分相关,而对潮汐频段则不那么明显。

TSoft 是比利时皇家天文台 Vauterin 开发的具有强大图形处理能力和直观人机交互界面的潮汐数据预处理软件,直观明了,可信度高(陈晓东和孙和平,2002),已被国际地潮中心推荐为 GGP 项目国际超导重力资料交换的标准预处理软件(Crossley et al.,1999)。

本章以拉萨站 2009 年 12 月至 2014 年 3 月的超导重力数据为例,对 TSoft 数据预处理过程进行了演示。图 2-3(a)和(b)分别显示了经过格值转换的原始重力和气压观测值,可以看到原始重力观测中存在明显的干扰信号。图 2-3(c)显示的是利用已有的观测潮汐参数与引潮位展开表计算的理论重力固体潮,若无观测潮汐参数,则可用理论地球模型的潮汐参数代替。图 2-3(d)和(e)分别为干扰修正前后的超导重力残差,可以看出修正的效果非常明显。图 2-3(f)是经过干扰修正后的重力观测值,重采样为 1 h 数据后,就可在此基础上进行实测潮汐参数的调和分析获取。

2.4 调和分析

调和分析是从重力固体潮观测数据中分析求得各个频率潮汐波群的振幅和相位因子的过程。其中振幅因子是重力固体潮的特征数,而勒夫数又是潮汐特征数的线性函数,因此调和分析获得的潮汐参数可为地球内部物质的弹性形变特征研究提供重要约束(方俊,1984)。

超导重力研究领域中用来调和分析的程序有 3 种,包括德国地球物理学家 Wenzel(1996)开发改进的 ETERNA、日本地球物理学家 20 世纪 80 年代开发的 BAYTAP-G(Tamura et al.,1991),以及 Venedikov 等(2003)研发的 VAV。其中应用最为广泛的是 ETERNA,因其具有详细的说明文档,且是目前国际地潮中心推荐使用的标准调和分析软件,故本书采用 ETERNA 进行超导重力固体潮观测数据的调和分析。

ETERNA 利用最小二乘平差技术来估计潮汐参数、气象和水文回归系数、极潮回归系数以及漂移的切比雪夫多项式系数。对数据的长度几乎没有限制,并且允许数据间断的存在。可对任意形式的固体潮汐观测数据(重力、应变、倾斜和位移)和多达 8 列的气象或水文辅助数据进行分析,可对多达 85 个波群的频率范围进行选取。对于理论潮汐计算,则可在 7 个高精度的引潮位展开表中任意选取。

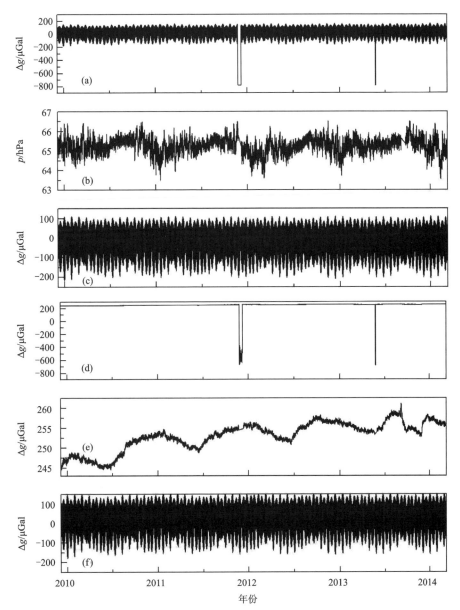

图 2-3 拉萨站 2009 年 12 月至 2014 年 3 月的超导重力数据的预处理

(a)(b) 分别为原始重力和气压观测值；(c) 为理论重力固体潮；(d)(e) 分别为干扰修正前后的超导重力残差；(f) 为干扰修正后的重力观测值

ETERNA 允许考虑大气压力、地下水和极移等因素对固体潮观测的影响,并能在分析中将这些影响分离出来,获取各个因素与重力固体潮观测残差间的回归系数(Wenzel,1996)。使用的最小二乘平差计算模型为:

$$y(t) + v(t) = \sum_{j=1}^{q}(X_j \cdot C_j + Y_j \cdot S_j) + \sum_{k} D_k \cdot T_k(t_n) + \sum_{m} R_m \cdot z_m(t)$$
(2-1)

$$\begin{cases} X_j = \delta_j \cos\Delta\varphi_j, C_j = \sum_{i=a_j}^{\beta_j} \delta_i^* A_i \cos(2\pi\omega_i t + \varphi_i) \\ Y_j = \delta_j \sin\Delta\varphi_j, S_j = \sum_{i=a_j}^{\beta_j} \delta_i^* A_i \sin(2\pi\omega_i t + \varphi_i) \end{cases}$$
(2-2)

式中,t 为时间;$y(t)$ 为观测量;$v(t)$ 为改正量;q 为波群数;δ_j 和 $\Delta\varphi_j$ 为波群 j 的未知潮汐参数(振幅因子和相位延迟);α_j 和 β_j 为波群 j 在潮汐分波表中的始末位置,A_i、ω_i 和 φ_i 分别为波群 j 中潮波 i 的理论振幅、角频率和初始相位;δ_i^* 为数字高通滤波的振幅因子(若用多项式拟合漂移,则该处振幅因子为1);T_k 为切比雪夫(Chebyshev)多项式的 k 阶项;D_k 为 k 阶项的系数;z_m 为气象或水文资料;R_m 为 z_m 的回归系数。

根据研究目的,漂移项可用数字高通滤波消除,或用切比雪夫多项式进行拟合,在最小二乘平差中得到多项的系数。但须注意,如需对观测数据中的长周期潮的潮汐参数进行确定,则不能采用数字高通滤波。大气压力(或其他气象、水文资料)的重力导纳值由线性回归得到,若使用数字高通滤波,则大气重力导纳值也是基于滤波后的大气压力数据的线性回归结果。

利用 ETERNA 调和分析软件中的 ANALYZE 模块,对拉萨站超导重力仪 2009 年 12 月至 2014 年 3 月经过预处理干扰修正后的重力观测资料进行调和分析,分析结果表明观测精度很高(标准差为 0.059 8 μGal),得到大气重力导纳值为(−0.366 457±0.000 533)μGal/hPa。获得的具体潮汐参数如表 2-2 所示,并按频段给出了潮汐观测的平均噪声水平:周日频段 0.001 906 0 μGal;半周日频段 0.001 718 6 μGal;三分之一周日频段 0.000 729 2 μGal;四分之一周日频段 0.000 465 8 μGal。

表2-2 拉萨站2009年12月至2014年3月的超导重力数据调和分析结果

起止频率范围/cpd		波群	理论振幅/$0.1\mu Gal$	振幅因子及其标准差		相位滞后及其标准差/(°)	
0.721 499	0.833 113	SGQ1	1.971 2	1.164 06	0.006 33	0.417 5	0.311 6
0.851 181	0.859 691	2Q1	6.765 8	1.172 77	0.002 16	0.794 1	0.105 5
0.860 895	0.870 024	SGM1	8.159 0	1.172 87	0.001 77	0.423 4	0.086 7
0.887 326	0.896 130	Q1	51.128 2	1.174 60	0.000 30	0.230 6	0.014 6
0.897 806	0.906 316	RO1	9.704 7	1.172 68	0.001 57	0.191 9	0.076 6
0.921 940	0.930 450	O1	267.036 5	1.170 17	0.000 06	0.004 9	0.002 9
0.931 963	0.940 488	TAU1	3.480 8	1.156 93	0.003 95	0.159 2	0.195 8
0.958 085	0.966 757	NO1	20.990 7	1.163 78	0.000 70	−0.110 8	0.034 7
0.968 564	0.974 189	CHI1	4.016 6	1.162 81	0.004 08	−0.355 2	0.200 8
0.989 048	0.998 029	P1	124.231 4	1.158 32	0.000 13	−0.012 6	0.006 4
0.999 852	1.000 148	S1	2.935 9	1.549 73	0.013 76	16.648 9	0.522 6
1.001 824	1.013 690	K1	375.407 1	1.144 30	0.000 05	0.059 7	0.002 2
1.028 549	1.034 468	TET1	4.015 5	1.165 42	0.003 99	0.254 0	0.196 1
1.036 291	1.044 801	J1	20.998 2	1.166 07	0.000 77	0.064 1	0.038 0
1.064 840	1.071 084	SO1	3.482 4	1.175 52	0.004 57	−0.239 2	0.223 0
1.072 582	1.080 945	OO1	11.484 5	1.164 90	0.001 36	−0.007 2	0.067 1
1.099 160	1.216 398	NU1	2.199 3	1.155 07	0.006 51	−0.024 1	0.322 9
1.719 380	1.837 970	EPS2	4.193 4	1.182 88	0.002 92	−0.357 9	0.141 2
1.853 919	1.862 429	2N2	14.379 5	1.179 88	0.001 00	−0.722 9	0.048 6
1.863 633	1.872 143	MU2	17.354 9	1.177 10	0.000 79	−0.482 2	0.038 6
1.888 386	1.896 749	N2	108.663 5	1.173 70	0.000 13	−0.581 0	0.006 4

续表 2-2

起止频率范围/cpd		波群	理论振幅/0.1 μGal	振幅因子及其标准差		相位滞后及其标准差/(°)	
1.897 953	1.906 463	NU2	20.641 4	1.171 27	0.000 67	−0.627 2	0.032 6
1.923 765	1.942 754	M2	567.533 7	1.172 08	0.000 02	−0.436 8	0.001 2
1.958 232	1.963 709	LAM2	4.185 0	1.175 89	0.003 25	−0.685 8	0.158 3
1.965 826	1.976 927	L2	16.043 0	1.171 26	0.000 69	−0.303 2	0.033 6
1.991 786	1.998 288	T2	15.429 2	1.174 27	0.000 88	−0.780 6	0.043 4
1.999 705	2.000 767	S2	264.022 8	1.166 22	0.000 06	−0.655 1	0.004 0
2.002 590	2.013 690	K2	71.732 6	1.167 16	0.000 20	−0.349 3	0.009 9
2.031 287	2.047 391	ETA2	4.012 5	1.170 32	0.003 53	−0.144 0	0.172 8
2.067 578	2.182 844	2K2	1.049 7	1.172 65	0.010 40	−0.156 4	0.508 2
2.753 243	3.081 255	M3	9.694 5	1.082 44	0.000 56	−0.026 5	0.029 7
3.791 963	3.937 898	M4	0.153 8	0.980 49	0.021 80	0.763 6	1.273 9

注：cpd 表示周期每天（cycle per day）。

2.5 超导重力残差

超导重力观测的是所有重力效应的综合，大致可以分解为如下系列项的叠加：干扰信号、潮汐信号、大气效应、极移效应、仪器漂移、水文效应和其他效应（如洋流、板块运动和冰后回弹等）(Hinderer et al.,2007)。根据研究目的的不同，各项效应可能成为"信号"也可能成为"噪声"。为详细研究目标信号，通常先将其他能够加以分离的"噪声"效应从观测值中精密剔除，然后基于残差进行进一步的仔细探讨，寻求更加适合的解释。目前，对于前 5 项（干扰信号、潮汐信号、大气效应、极移效应和仪器漂移项）的改正技术已经发展得较为成熟，而最后一项（其他效应）的影响一般相对微弱（除了构造运动异常剧烈的地方），这为本书地下水变化的重力场影响研究提供了非常有利的技术条件。

根据重力与距离平方成反比的基本原理,局部地区的地下水重力效应通常是总体水文重力效应的主要部分。因此,为研究超导重力观测中的地下水重力效应,我们将对其进行一系列的改正,得到主要为地下水信号的超导重力残差。它们分别是干扰信号、潮汐信号、大气效应、极移效应和仪器漂移项的改正,以拉萨站 2009 年 12 月至 2014 年 3 月的超导重力观测数据改正为例,其中干扰信号已经在数据的预处理部分加以修正(见 2.3 节)。

2.5.1 潮汐信号

在月球、太阳和其他天体的引力作用下,固体地球整体发生的形变称为固体潮(简称体潮),由此产生的重力场变化称为重力固体潮。另外,海水在月球和太阳的引力作用下发生的涨落称为海洋潮汐(简称海潮),固体地球对海潮的响应称为海潮负荷效应。由于重力固体潮和海潮负荷的力源相同(主要都是日、月引力),具有相同的频谱特征,可统称为潮汐信号,故不能直接采用滤波的方法将两者分离开来,而需利用高精度的全球海潮模型和负荷理论对海潮负荷效应进行精确计算。

超导重力观测中潮汐信号的扣除通常采用台站的实测重力合成潮,它实际上是台站重力固体潮和海潮负荷的经验模拟,由调和分析获得的实测重力潮汐参数(振幅因子和相位延迟)和引潮位展开表来计算。重力合成潮 $g_{\text{syn}}(t)$ 的计算公式如下:

$$g_{\text{syn}}(t) = \sum_{j=1}^{q} \delta_j \sum_{i=a_j}^{\beta_j} A_i \cos(\omega_i t + \varphi_i + \Delta\varphi_j) \tag{2-3}$$

式中,t 为时间;q 为波群数;δ_j 和 $\Delta\varphi_j$ 为波群 j 的振幅因子和相位延迟;α_j 和 β_j 为波群 j 在潮汐分波表中的始末位置;A_i、ω_i 和 φ_i 分别为波群 j 中潮波 i 的理论振幅、角频率和初始相位。

图 2-4(a)是采用拉萨站 2009 年 12 月至 2014 年 3 月的超导重力数据调和分析结果,以及 Hartmann 和 Wenzel(1995)引潮位展开表,按式(2-3)计算的该站实测重力合成潮。图 2-4(b)显示的是扣除合成潮后的超导重力残差。

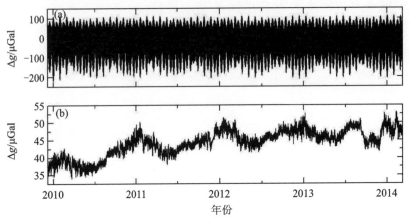

图 2-4 拉萨站 2009 年 12 月至 2014 年 3 月的重力合成潮(a)，
扣除合成潮后的超导重力残差(b)

2.5.2 气压改正

大气压的变化反映了大气密度的变化，不同密度的空气交换会引起地球大气质量的重新分布，从而引起超导重力观测的变化。地面大气压的变化周期从分钟到年不等，变化幅度可达 60 hPa，相应的重力效应约为 20 μGal，可占重力潮汐信号的约 10%。因此在利用超导重力观测研究潮汐和非潮汐信号前，有必要进行大气重力效应的改正。孙和平(1997)根据距离将全球大气变化对重力的影响分成近区(与台站角距在 0.5°以内)、中区(与台站角距在 0.5°～10°之间)和远区(与台站角距大于 10°)，分别构制了相应的大气重力格林响应函数，计算了各区的大气重力效应，并指出台站近区的大气负荷效应占全球大气负荷效应的 90%，而中区和远区的贡献相当。

台站的气压观测与扣除重力合成潮的超导重力残差之间存在着很好的相关性，因此通常采用经验法的大气重力导纳值来改正大气重力效应。确定大气重力导纳值最简单的方法是将气压变化与扣除重力合成潮的超导重力残差进行线性回归分析，大气变化导致的重力效应由大气重力导纳值和气压变化相乘得到。尽管这种基于单一大气重力导纳值的大气效应改正仅能扣除约 90% 的大气影响，但已能满足许多应用研究的精度要求。另外,Crossley 等(1995)分频段对气压变化和重力残差进行的线性回归分析,实现了频率相关的大气重力导纳值的获取;又分时段对气压变化和重力残差进行线性回归分析,实现了时间域各时段的大气重力导纳值的确定,两种方法结果相当,都达到了显著降低非潮汐频段重力残差水平的效果。

本书采用时域单一导纳值法,对超导重力观测数据进行大气效应的改正。图 2-5(a)显示了拉萨站 2009 年 12 月至 2014 年 3 月的大气重力效应,大气重力导纳值采用 ETERNA 的调和分析结果($-0.366\,457\,\mu\text{Gal/hPa}$)。图 2-5(b)是扣除合成潮、经过气压改正后的超导重力残差,对比图 2-4(b)和图 2-5(b),可以看出气压改正后超导重力残差变得更平滑。

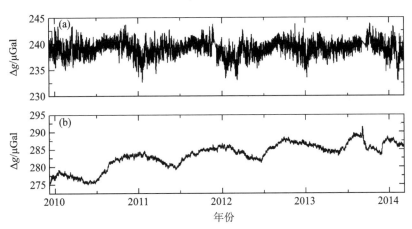

图 2-5 拉萨站 2009 年 12 月至 2014 年 3 月的大气重力效应(a),扣除合成潮、经过气压改正后的超导重力残差(b)

2.5.3 极移改正

超导重力观测中另一项重要的信号是地球自转轴周期为 435 天的钱德勒摆动(Chandler wobble)。自从 Richter(1983)首次利用重力技术观测到钱德勒摆动的信号(约 5 μGal 的振幅)以来,只要数据处理方法合适,所有超导重力台站都观测到了极移信号,只是在某些台站观测的信噪比不如其他台站的高。这不仅与仪器和台站的观测环境相关,而且与观测时间段密切相关,因为极移的周期性变化造成了不同时刻的极移重力效应具有不同的振幅。

在大部分 GGP 超导重力台站,重力观测数据在精确扣除合成潮和大气效应之后都不难发现极移信号。事实上可根据国际地球自转服务 IERS(https://hpiers.obspm.fr/eoppc/eop/eopc04)网站上给出的地球定向参数文件 EOPC04 和台站的位置,直接计算任意重力台站的极移重力效应 δg_{pole}(Wahr,1985)。

$$\delta g_{pole} = -3.90 \times 10^6 \sin 2\alpha (m_1 \cos\lambda + m_2 \sin\lambda) \quad (2\text{-}4)$$

式中,极移重力效应 δg_{pole} 的单位为 μGal;α、λ 分别为台站的余纬和经度;m_1、m_2 分别为极坐标的弧度值;数值系数项包含了重力极潮振幅因子 δ 系数的标准值(1.16)。

图 2-6(a)显示的是拉萨站 2009 年 12 月至 2014 年 3 月的极移重力效应,图 2-6(b)是扣除合成潮、经过气压和极移改正后的超导重力残差,可以看出经过上述各项改正后的超导重力残差中存在明显的长期趋势项和周年变化。

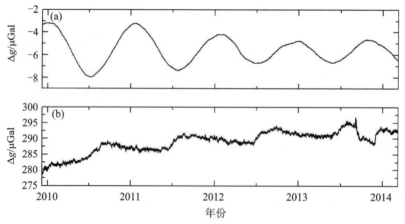

图 2-6　拉萨站 2009 年 12 月至 2014 年 3 月的极移重力效应(a),
扣除合成潮、经过气压和极移改正后的超导重力残差(b)

2.5.4 仪器漂移项

尽管超导重力仪具有持续的悬浮磁场和稳定的反馈系统,确保超导小球始终处于其零点位置,但仪器依然存在着每年几个微伽的漂移。引起漂移的主要原因包括重力感应单元的磁场变化、超导小球的气体吸附、超导小球周围氦气压变化等(Van Camp and Francis,2007)。该漂移项能够影响仪器观测的长周期变化,因此必须精确测定其大小,并从重力的长期观测中予以剔除。

新安装的超导重力仪往往表现出指数型的漂移,随着时间推移,仪器漂移会趋于平稳,变得更加线性化(Hinderer et al.,2007)。因此,可以用一阶多项式对扣除合成潮、经过气压和极移改正后的超导重力残差进行拟合,得到仪器年漂移率的估值。由于对重力观测的改正存在一些残余或其他不确定因素,因此线性拟合估计的漂移项可能包含某些真实的重力信号。为减小重力改正不完全(如季节性水文重力效应)对漂移项估计的影响,采用时间长度大于1年的数据,可以得到更加符合实际的估计结果。若要精确地测定仪器漂移,只能通过与绝对重力仪联合比对观测实验结果。

本书仍采用线性拟合的方法去除超导重力仪的漂移项,图 2-7(a)显示的是拉萨站 2009 年 12 月至 2014 年 3 月超导重力观测漂移项的线性拟合,图中实线是扣除合成潮、经过气压和极移改正后的超导重力残差,虚线是残差的线性拟合,斜率为 $2.41\ \mu Gal/a$。当然这并不能表示仪器真实的漂移,想要精确地测定仪器漂移,必须加入绝对重力仪的同址观测。图 2-7(b)显示的是扣除合成潮、经过气压和极移改正、去除漂移项之后的最终重力残差。

在经过上述各项改正之后,超导重力残差中依然存在着振幅约为 $5\ \mu Gal$ 的重力变化,而且呈现出非常明显的季节性特征,很可能与地下水的季节性变化有关。因此对拉萨站 2009 年 12 月至 2014 年 3 月的地下水位观测数据和超导重力残差进行了比较。

图 2-8 显示了经过各项改正后的超导重力残差与地下水位观测和降水量的比较,其中图 2-8(a)显示的是拉萨站 2009 年 12 月至 2014 年 3 月扣除合成潮、经过气压和极移改正、去除漂移项之后的超导重力残差,图 2-8(b)显示的是地下水位的埋深(黑色曲线)及小时降水量(灰色柱条)。可以看出,超导重力残差与地下水位和降水量有着非常明显的相关性:随

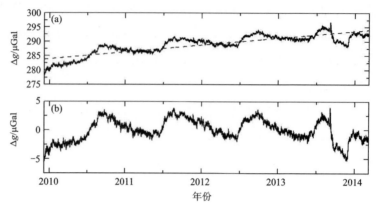

图 2-7　拉萨站 2009 年 12 月至 2014 年 3 月扣除合成潮、经过气压和极移改正后的超导重力残差(实线)及其线性漂移项(虚线)(a),扣除合成潮、经过气压和极移改正、去除线性漂移项之后的超导重力残差(b)

着夏季降水的增加,地下水位出现上升,重力残差也随之增加;雨季过后,降水减少,地下水位出现下降,重力残差也慢慢减小。相关性分析表明,超导重力残差和地下水位之间的相关系数高达 0.71,初步说明超导重力残差中主要包含的是地下水变化的信号。第 3 章将从地下水的渗透机制出发,对局部地区地下水的渗透过程进行模拟,获取土壤含水率随深度的分布变化情况,并对相应的重力场影响进行精确估计。

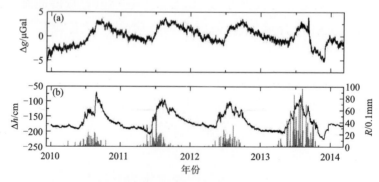

图 2-8　拉萨站 2009 年 12 月至 2014 年 3 月扣除合成潮、经过气压和极移改正、去除漂移项之后的超导重力残差(a),地下水位的埋深(黑色曲线)及小时降水量(灰色柱条)(b)

2.6 本章小结

本章首先对超导重力仪的主要部分和基本工作原理进行了简单介绍，并对超导重力仪的格值标定、超导重力数据的预处理方法及调和分析原理进行了介绍，以拉萨站2009年12月至2014年3月的超导重力观测为例，进行了实测数据的处理与结果展示。然后根据本书研究地下水重力场影响的目标，对超导重力观测中的潮汐、气压、极移和漂移效应进行了精密计算与扣除，实现主要与地下水变化相关的超导重力残差获取。最后的相关性分析表明，超导重力残差和地下水位之间高度相关，初步说明超导重力残差中包含地下水变化的信号。第3章将从地下水的渗透机制出发，精细模拟局部地下水的分布变化，并定量研究相应的重力场影响。

第3章　地下水储量变化模拟及其重力场影响

在地下水重力场影响的定量研究中，首要任务是弄清楚地下水质量的变化量，以及变化所发生的具体位置(Longuevergne et al.，2009)。而仅通过常规观测手段难以获得地下水的详细分布，如土壤湿度探针由于技术原因只能测量地表浅层(约 2 m 范围内)的含水率变化，无法对更深位置的地下水含量进行监测；利用监测水井观测地下水位由于成本原因也只能在一定范围内实施，无法实现全球覆盖，难以获得地下水位的精细分布结果。

本章首先简单介绍地下水系统的相关基本概念，然后基于地下水流动的动力学物理机制，详细推导地下水渗透方程及其有限差分解算方法，并以日本 Isawa 超导台站为例，对比分析不同解算方法对地下水储量变化模拟结果及其水文重力效应的影响，最后对其中的层间参数取值和非线性渗透方程的线性化问题进行探讨，为地下水储量变化模拟及其重力场影响改正的算法研究提供重要参考(贺前钱和孙和平，2018)。

3.1　地下水储量变化模拟

3.1.1　相关基本概念

1. 地下水

地下水泛指存在于地表以下岩土空隙中的水体。按其物理学性质，可分为结合水(处于岩土颗粒固相表面的吸引力大于自身重力，不能在自身重力作用下发生运移的水)、重力水(受重力的影响大于固相表面吸引力,在重力作用下运移的这部分水)和毛细水(受水与空气交界面表面张力作用的自由水)。按其含水介质,可分为孔隙水、裂隙水和岩溶水。根据其埋藏条件,可分为包气带水(也称非饱和带水,指处于地表面以下潜水位以上,包气带岩土层中的水,包括土壤水、沼泽水、上层滞水及基岩风化壳中季节性存在的水)、潜水(指地表以下第一层较稳定的隔水层以上且具有自由表面的重力水)和承压水(指充满两个隔水层之间含水层中的重力水)。

2. 空隙

地壳岩土的内部或多或少存在着空隙,特别是浅层1~2km的地壳,这为地下水的赋存提供了必要条件。因此俄罗斯的地下水文学者维尔纳茨基(Верна́дский В И)形象地比喻说:"地壳表层就像是饱含水分的海绵。"

作为地下水的存储空间和传输通道,岩土空隙的多少、大小、形状、连通状况和分布规律等影响着地下水在其中的分布和运动。按照空隙的形成和形态可将其分为三大类别,包括松散岩土中的孔隙、坚硬岩土中的裂隙和可溶性岩石中的溶隙及溶穴(图3-1)。

3. 孔隙度

以松散岩土为例,它是由大小不等的颗粒组成的,其颗粒或颗粒集合体之间的空隙,称为孔隙[参见图3-1中的(a)~(f)]。岩土中孔隙体积的大小是影响其储存地下水能力大小的重要因素。孔隙体积的大小可用孔隙度(porosity, n)表示,它是指某一体积岩土(包括孔隙在内)中孔隙体积所占的比例。

若以 V 表示包括孔隙在内的岩土体积,V_S 表示岩土固体颗粒(固体)的体积,V_G 表示空气(气体)的体积,V_L 表示地下水(液体)的体积,V_n 表示岩土中孔隙的体积[图3-2(b)],则有:

$$V = V_S + V_G + V_L = V_S + V_n \tag{3-1}$$

$$V_n = V_L + V_G = V - V_S \tag{3-2}$$

$$n = \frac{V_n}{V} = \frac{V - V_S}{V}, \ (0 \leqslant n < 1) \tag{3-3}$$

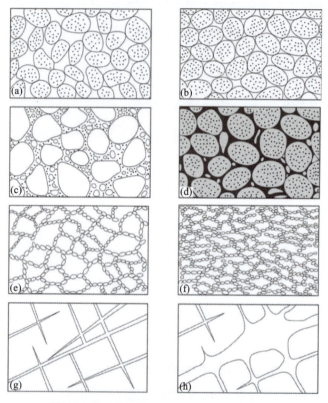

图 3-1　岩土的空隙（据 Meinzer，1923 修改补充）

(a)分选良好，排序疏松的砂；(b)分选良好，排列紧密的砂；
(c)分选不良的，含泥、砂的砾石；(d)经过部分胶结的砂岩；
(e)具有结构性孔隙的黏土；(f)经过压缩的黏土；
(g)具有裂隙的岩石；(h)具有溶隙及溶穴的可溶岩

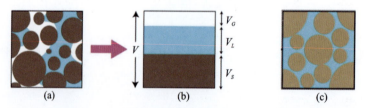

图 3-2　土壤含水示意图（据 Kazama，2007 修改）

(a)非饱和含水层土壤；(b)非饱和含水层土壤、水和空气的比例；
(c)饱和含水层土壤示意图

孔隙度是一个比值,可用小数或百分数表示。孔隙度的大小,与颗粒大小无关,主要取决于其分选程度,另外颗粒排列情况、颗粒形状及胶结充填情况也会影响孔隙度。对于黏性土,结构及次生孔隙是影响孔隙度的重要因素。表 3-1 列出了自然界中主要松散岩土孔隙度的参考数值。

表 3-1　松散岩土孔隙度参考数值（据 Freeze and Cherry,1979）

岩土名称	砾石	砂	粉砂	黏土	泥浆
孔隙度 / %	25~40	25~50	35~50	40~70	80

4. 给水度

我们把地下水位下降一个单位深度,从地下水位延伸到地表面的单位水平面积岩土柱体,在重力作用下释出的水的体积,称为给水度(specific yield,μ),以小数或百分数表示。例如,地下水位下降 1 m,1 m² 水平面积岩土柱体,在重力作用下释出的水的体积为 0.1 m³（等效水柱高度 0.1 m）,则其给水度为 0.1% 或 10%。

对于均质的松散岩土,给水度的大小与岩性、初始地下水位埋深以及地下水位下降速率等因素有关(张蔚榛和张榆芳,1983)。表 3-2 列出了自然界中主要均质松散岩土的给水度值。

表 3-2　常见松散岩土的给水度（据 Fetter,1980）

| 岩土名称 | 给水度/% | | | 岩土名称 | 给水度/% | | |
	最大	最小	平均		最大	最小	平均
黏土	5	0	2	粗砂	35	20	27
亚黏土	12	3	7	砾砂	35	20	25
粉砂	19	3	18	细砾	35	21	25
细砂	28	10	21	中砾	26	13	23
中砂	32	15	26	粗砾	26	12	21

5. 持水度

若地下水位下降时,一部分水由于反抗重力的毛细力（以及分子力）

作用而仍保持于空隙中。地下水位下降一个单位深度,单位水平面积岩土柱体中因毛细力而保持于岩土空隙中的水量,称作持水度(specific retention,S_r)。

由定义不难得出,给水度、持水度与孔隙度之间具有如下关系:

$$n = \mu + S_r \tag{3-4}$$

显然,所有影响给水度的因素也即影响持水度的因素。

6. 渗透性

岩土的渗透性,是指岩土传输水或其他流体的能力,表征岩土渗透性的定量指标是渗透系数(或水力传导率,hydraulic conductivity),它对地下水流动的研究具有重要意义。

以松散岩土为例,孔隙直径愈小,透水性愈差。当孔隙直径小于两倍结合水层厚度时,在寻常条件下不透水。当孔隙度一定而孔隙直径愈大,则圆管通道的数量愈少,但有效渗流断面愈大,透水能力就愈强;反之,孔隙直径愈小,透水能力就愈弱。由此可见,决定透水性好坏的主要因素是孔隙大小;只有在孔隙大到一定程度,孔隙度才对岩土的透水性起作用,此时孔隙度愈大,透水性愈好。

3.1.2 地下水分布的数值描述

1. 体积含水率

量化岩土中储存地下水多少的变量是体积含水率(volumetric water content,θ),它是指一定体积岩土(包括孔隙在内)中孔隙含水体积所占的比例:

$$\theta = \frac{V_L}{V} \quad (0 \leqslant \theta \leqslant n) \tag{3-5}$$

通过体积含水率与孔隙度的关系,可以定义土壤的非饱和及饱和含水状态,即只有在体积含水率等于孔隙度的时候,土壤处于饱和含水状态[图 3-2(c)],其他情况都是处于非饱和含水状态[图 3-2(a)]。

$$\begin{cases} \theta = n: \text{饱和状态} \\ 0 \leqslant \theta < n: \text{非饱和状态} \end{cases} \tag{3-6}$$

2. 压力水头

水文地质学中,地壳表层通常可以分为如下 3 层:靠近地表的非饱和层(包气带)、地下水面以下的饱和潜水层和底层的不透水层(图 3-3)。

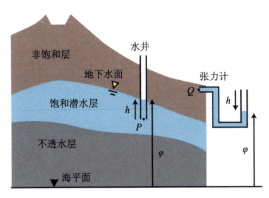

图 3-3 地下水构造示意图(据 Kazama,2007 修改)

流动的地下水具有相应的能量,通常因为地下水在土壤中的运动十分缓慢,其具有的动能往往忽略不计,只考虑势能即水势。水势包括重力场产生的重力势 φ_z、压强差产生的压力势 φ_p 和土壤基质对水分的吸持作用(包括毛细和吸附作用)而产生的基质势 φ_m,一般情况下都不考虑溶质作用而产生的溶质势和温度差而产生的温度势。而单位重量土中水分具有的水势就是水头(hydraulic head)。对于饱和带的任意一点 P,基质势 $\varphi_m = 0$,压力势为静水压强(正值),总水势 φ 由压力势 φ_p 和重力势 φ_z 组成,用总水头 H 表示,有:

$$\varphi = H = z + \frac{p_w}{\rho_w g} = z + h \tag{3-7}$$

式中,z 为 P 点位置高出基准面的标高,即位置水头;h 为压力水头,由水的压强 p_w、水的密度 ρ_w 和重力加速度 g 计算。

对于非饱和层的任意一点 Q,由于孔隙中的气体与大气相通,因此压力势 $\varphi_p = 0$,基质势 φ_m 小于零,总水势 φ 由基质势 φ_m 和重力势 φ_z 组成,有:

$$\varphi = H = z + \varphi_m \tag{3-8}$$

基质势也可以用负压水头 h 来表示($h = \varphi_m, h < 0$),则 Q 点的总水

势，也具有与 P 点相同的形式：

$$\varphi = H = z + h \tag{3-9}$$

需要注意的是，也有些文献定义负压水头 $\varphi = -\varphi_m$。

压力水头 h 物理上相当于总水头对于其位置标高的上升或下降。在饱和区域，压力水头为正，使得水位上升（如 P 点）；在非饱和区域，压力水头为负，使得"水位"下降（如 Q 点）。当然这里非饱和区域的"水位"只是想象中的存在，不是真正的水位，其负压水头的大小可以通过张力计来测量。

因此，根据压力水头的正负可以区分土壤的饱和与非饱和状态，如下：

$$\begin{cases} h \geqslant 0 : 饱和状态 \\ h < 0 : 非饱和状态 \end{cases} \tag{3-10}$$

3.1.3 达西定律

达西定律（Darcy's law）是描述地下水通过孔隙介质的本构方程，是法国水力学家达西（Darcy H）在 1856 年基于沙筒水流实验得出的线性渗透定律，该定律是水文地质学定量研究的基础，也是对各种水文地质过程进行定性分析的重要依据。

达西定律的一维形式为：

$$v = KI \tag{3-11}$$

式中，v 为渗流速度（m/s）；K 为渗透系数（m/s）；I 为水力梯度（无量纲）。

将其扩展到更一般的三维情况下，并用微分表达式给出，有：

$$v = -K \nabla \varphi \tag{3-12}$$

这里的 $-\nabla \varphi$ 为水力梯度。在直角坐标系下，不考虑渗透系数的各向异性的情况，渗流速度沿 3 个坐标方向上的分量分别为：

$$v_x = -K \frac{\partial \varphi}{\partial x}; v_y = -K \frac{\partial \varphi}{\partial y}; v_z = -K \frac{\partial \varphi}{\partial z} \tag{3-13}$$

绝大多数情况下，地下水的运动都符合线性渗透定律，因此达西定律适用范围很广。只有雷诺数超过一定范围的层流运动才不服从达西定律，届时 v 与 I 不再是线性关系。

渗透系数

渗透系数 K,也被称作水力传导率(导水率),是水文地质当中非常重要的参数。渗透系数可以用来表征岩土的渗透性能,当水力梯度一定时,渗透系数越大,渗流速度就越大,岩土的渗透能力就越强。需要注意的是,渗透系数不仅取决于岩土的性质(如粒度、成分、颗粒排列、孔隙性质和发育状况等),还与渗透液体的物理性质(容重和黏滞性)有关。表 3-3 给出了渗透液为地下水时,部分岩土渗透系数的常见值。

表 3-3 松散岩土渗透系数参考值(据张人权,2011)

松散岩土名称	渗透系数/(m·d^{-1})	松散岩土名称	渗透系数/(m·d^{-1})
亚黏土	0.001~0.1	中砂	5~20
亚黏土	0.10~0.50	粗砂	20~50
粉砂	0.50~1.0	砾石	50~150
细砂	1.0~5.0	卵石	100~500

而在非饱和流动中,渗透系数是含水率或负压水头(基质势)的函数,记为:

$$K = K(\theta) \text{ 或 } K = K(h) \tag{3-14}$$

当非饱和层的含水率(或负压水头)减小时,渗透系数也会随之减小。其可能的原因是,含水率减小时,一部分孔隙被空气填充,导致孔隙的过水面积减小,相应在单位时间内通过包气带单位截面的水分减少。非饱和状态的渗透系数 $K(\theta)$ 恒小于饱和状态的渗透系数 K_S,它们之间的比值 $K(\theta)/K_S$ 称为相对渗透率。

3.1.4 渗流的连续性方程

连续性方程实际就是质量守恒方程,也称为水均衡方程。为了研究非饱和层中地下水流动的普遍规律,在非饱和层中任意取一个以 $P(x,y,z)$ 为中心的微小立方体,其各边长分别为 Δx、Δy 和 Δz,并且与坐标轴平行,作为均衡体(图 3-4)。如 P 点沿坐标轴方向的渗透速度分量为 v_x、v_y 和 v_z,液体密度为 ρ,则单位时间内通过垂直于坐标轴方向的单位面积的

水流质量分别为 ρv_x、ρv_y 和 ρv_z，那么通过 $abcd$ 面的中点 $P_1\left(x-\dfrac{\Delta x}{2},y,z\right)$ 单位时间单位面积的水流质量 ρv_{x_1} 可利用 Taylor 级数求得：

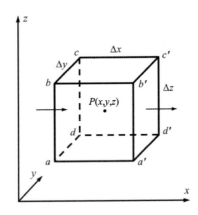

图 3-4　渗流区中的单元体

$$\rho v_{x_1} = \rho v_x\left(x-\dfrac{\Delta x}{2},y,z\right)$$

$$= \rho v_x(x,y,z)+\dfrac{\partial(\rho v_x)}{\partial x}\left(-\dfrac{\Delta x}{2}\right)+\dfrac{1}{2!}\dfrac{\partial^2(\rho v_x)}{\partial x^2}\left(-\dfrac{\Delta x}{2}\right)^2+\cdots+$$

$$\dfrac{1}{n!}\dfrac{\partial^n(\rho v_x)}{\partial x^n}\left(-\dfrac{\Delta x}{2}\right)^n+\cdots$$

略去二阶导数以上的高次项，则得：

$$\rho v_{x_1} = \rho v_x - \dfrac{1}{2}\dfrac{\partial(\rho v_x)}{\partial x}\Delta x$$

于是在 Δt 时间内由 $abcd$ 面流入单元体的质量为 $\left[\rho v_x - \dfrac{1}{2}\dfrac{\partial(\rho v_x)}{\partial x}\Delta x\right]\Delta y\Delta z\Delta t$。

同理可求出通过右侧 $a'b'c'd'$ 面流出的质量为 $\left[\rho v_x + \dfrac{1}{2}\dfrac{\partial(\rho v_x)}{\partial x}\Delta x\right]\Delta y\Delta z\Delta t$。

因此沿 x 轴方向流入和流出单元体的质量差为

$$\left[\rho v_x - \dfrac{1}{2}\dfrac{\partial(\rho v_x)}{\partial x}\Delta x\right]\Delta y\Delta z\Delta t - \left[\rho v_x + \dfrac{1}{2}\dfrac{\partial(\rho v_x)}{\partial x}\Delta x\right]\Delta y\Delta z\Delta t =$$

$-\dfrac{\partial(\rho v_x)}{\partial x}\Delta x\Delta y\Delta z\Delta t$。

均衡体取得越小,这个式子就越准确。同理,可以写出沿 y 轴方向和沿 z 轴方向流入与流出这个单元体的液体质量差,分别为 $-\dfrac{\partial(\rho v_y)}{\partial y}\Delta x\Delta y\Delta z\Delta t$ 和 $-\dfrac{\partial(\rho v_z)}{\partial z}\Delta x\Delta y\Delta z\Delta t$。

因此,Δt 时间内,流入与流出这个单元体的总质量差为:
$-\left[\dfrac{\partial(\rho v_x)}{\partial x}+\dfrac{\partial(\rho v_y)}{\partial y}+\dfrac{\partial(\rho v_z)}{\partial z}\right]\Delta x\Delta y\Delta z\Delta t$。

均衡体内,液体所占的体积为 $\theta\Delta x\Delta y\Delta z$,其中 θ 为含水率。相应的单元体内的液体质量为 $\rho\theta\Delta x\Delta y\Delta z$。所以在 Δt 时间内,单元体内液体质量的变化量为 $\dfrac{\partial}{\partial t}[\rho\theta\Delta x\Delta y\Delta z]\Delta t$。

均衡体内液体质量的变化即贮存质量的变化,是由流入与流出这个单元体的液体质量差造成的。根据质量守恒定律,令两者相等。所以有:

$$-\left[\dfrac{\partial(\rho v_x)}{\partial x}+\dfrac{\partial(\rho v_y)}{\partial y}+\dfrac{\partial(\rho v_z)}{\partial z}\right]\Delta x\Delta y\Delta z=\dfrac{\partial}{\partial t}[\rho\theta\Delta x\Delta y\Delta z] \quad (3\text{-}15)$$

上式称为地下水运动的连续性方程。

连续性方程是研究各种地下水运动的基本方程,不同形式的地下水运动微分方程都是在连续性方程和能量守恒定律(如达西定律)的基础上建立起来的。即使为了简便不直接使用式(3-15),但推导相应的公式时,也必须满足连续性方程所体现的质量守恒原理。

3.1.5 一维地下水渗透方程

在具体应用中,假定土壤含水层骨架在水平和垂直方向上都不被压缩,则 Δx、Δy 和 Δz 都视为常量。如果不考虑地下水的可压缩性,而将其视为不可压缩的均质液体,则 ρ 为常数。于是有式(3-15)的简化形式:

$$-\left[\dfrac{\partial v_x}{\partial x}+\dfrac{\partial v_y}{\partial y}+\dfrac{\partial v_z}{\partial z}\right]=\dfrac{\partial\theta}{\partial t} \quad (3\text{-}16)$$

虽然达西定律是在饱和含水实验条件下得到的线性渗透关系式,但是在非饱和渗透中仍然适用。此时对于各向同性介质有渗透速率:

$$v = -K(\theta)\nabla\varphi \text{ 或 } v = -K(h)\nabla\varphi \qquad (3\text{-}17)$$

将式(3-17)代入式(3-16),则有：

$$\frac{\partial\theta}{\partial t} = \frac{\partial}{\partial x}\left[K(\theta)\frac{\partial\varphi}{\partial x}\right] + \frac{\partial}{\partial y}\left[K(\theta)\frac{\partial\varphi}{\partial y}\right] + \frac{\partial}{\partial z}\left[K(\theta)\frac{\partial\varphi}{\partial z}\right] \qquad (3\text{-}18)$$

式(3-18)即为均质各向同性非饱和层中地下水流动的基本微分方程式,称为 Richards 方程。

观察式的左右两边,即可发现该式含有两个不同的因变量(θ 和 φ),因此称为混合型的 Richards 方程。不论是从数值解还是从解析解出发,将它转换为只含有一个变量的方程,都会使得问题更加简便。若定义单位基质势(负压值)的变化所引起的土壤含水率变化值为比水容量 $C(1/L)$,即压力水头变化一个单位时,单位体积土壤中所能释放的水的体积,可以用式(3-19)表示：

$$C(h) = \frac{\partial\theta}{\partial h} \qquad (3\text{-}19)$$

利用式(3-19)可以将式(3-18)的左边改写为 h 的函数,有：

$$\frac{\partial\theta}{\partial t} = \frac{\partial\theta}{\partial h}\frac{\partial h}{\partial t} = C(h)\frac{\partial h}{\partial t} \qquad (3\text{-}20)$$

由该式和式(3-9)可以将式(3-18)改写为以负压水头 h 为因变量的方程：

$$C(h)\frac{\partial h}{\partial t} = \frac{\partial}{\partial x}\left[K(h)\frac{\partial h}{\partial x}\right] + \frac{\partial}{\partial y}\left[K(h)\frac{\partial h}{\partial y}\right] + \frac{\partial}{\partial z}\left[K(h)\left(\frac{\partial h}{\partial z} + 1\right)\right]$$
$$(3\text{-}21)$$

对于垂向一维渗透可以简化为：

$$C(h)\frac{\partial h}{\partial t} = \frac{\partial}{\partial z}\left[K(h)\frac{\partial h}{\partial z}\right] + \frac{\partial K(h)}{\partial z} \qquad (3\text{-}22)$$

式(3-21)和式(3-22)称为负压水头型的 Richards 方程。

若定义扩散系数 $D(\theta)$ 为渗透系数 $K(\theta)$ 与比水容量 $C(\theta)$ 的比值,即单位含水率梯度下,通过单位面积的土壤水流量：

$$D(\theta) = \frac{K(\theta)}{C(\theta)} = K(\theta)\frac{\partial h}{\partial\theta} \qquad (3\text{-}23)$$

它也是含水率或负压水头的函数。采用扩散系数后,可以将式(3-21)改写成以体积含水率 θ 为因变量的方程,有：

$$\frac{\partial \theta}{\partial t} = \frac{\partial}{\partial x}\left[K(\theta)\frac{dh}{d\theta}\frac{\partial \theta}{\partial x}\right] + \frac{\partial}{\partial y}\left[K(\theta)\frac{dh}{d\theta}\frac{\partial \theta}{\partial y}\right] + \frac{\partial}{\partial z}\left[K(\theta)\left(\frac{dh}{d\theta}\frac{\partial \theta}{\partial z} + 1\right)\right]$$

$$= \frac{\partial}{\partial x}\left[D(\theta)\frac{\partial \theta}{\partial x}\right] + \frac{\partial}{\partial y}\left[D(\theta)\frac{\partial \theta}{\partial y}\right] + \frac{\partial}{\partial z}\left[D(\theta)\frac{\partial \theta}{\partial z} + K(\theta)\right] \quad (3\text{-}24)$$

对于垂向一维渗透可以简化为：

$$\frac{\partial \theta}{\partial t} = \frac{\partial}{\partial z}\left[D(\theta)\frac{\partial \theta}{\partial z}\right] + \frac{\partial K(\theta)}{\partial z} \quad (3\text{-}25)$$

z 轴向上为正，当取 z 轴向下为正时，则方程的右边第二项应为负号。式(3-24)和式(3-25)称为含水率型的 Richards 方程。

Richards 方程形式的选取主要取决于求解问题的边界条件和初始条件。以负压水头 h 为因变量的方程是应用较多的一种形式，既能够适用于统一的饱和-非饱和流动问题的求解，又能够适用于层状土内水分运动的计算。而以体积含水率 θ 为因变量的方程，由于其中参数 $D(\theta)$ 和 $K(\theta)$ 受滞后影响较大，随负压水头或含水率的变化范围大，选取不当会引起较大误差。因此常用于均质土或全剖面为非饱和流动的问题，但不能适用于含水率不连续的层状土，也不能适用于饱和-非饱和问题的求解。

3.1.6　土壤参数

不论是负压水头型的 Richards 方程式(3-22)还是含水率型的 Richards 方程式[式(3-25)]，都含有依赖于含水率 $\theta(z,t)$ 的渗透系数 $K(\theta)$，式(3-25)中包含的扩散系数 $D(\theta)$ 也是含水率 $\theta(z,t)$ 的函数。因此，地下水分布的模拟及其重力场影响的定量研究，需要确定 $K(\theta)$、$D(\theta)$ 与 $\theta(z,t)$ 的关系。下面分别对这两个参数随土壤含水率的变化进行说明。

非饱和状态下的渗透系数 $K(\theta)$ 小于饱和状态下的渗透系数，且随土壤含水率在一定范围内发生变化。以土壤中水分流失的过程为例，渗透系数随着含水率的减小而减小，原因可能为：①土壤含水率减小时，通常大空隙中的水分会较先排出，余下在小空隙中流动的水分必然受到较大的阻力；②小空隙中水分流动的路程必然更加弯曲，路线变长，从而实际流速减小(张元禧和施鑫源，1998)。由于渗透系数 $K(\theta)$ 的直接测定昂贵且烦琐，测定的范围较窄，不能完整代表土壤水分特征曲线，因此大都采用间接估算的方法，本研究采用了目前较为常用的指数型经验公式（Gardner,1958；Pullan,1990），即：

$$K(\theta) = K_S \exp\left[-a\left(\frac{\theta_{\max}-\theta}{\theta_{\max}-\theta_{\min}}\right)\right] \quad (3\text{-}26)$$

式中，K_S 为土壤在饱和含水状态下的垂向渗透系数；$a(a>0)$ 为渗透系数的变化率；$\theta_{\max}$ 为土壤的最大体积含水率（即有效孔隙度）；$\theta_{\min}$ 为土壤的最小体积含水率（又称残留含水率），通常由于土壤固体颗粒表面的吸附作用、封闭空隙的孤立作用和土壤毛细管的毛细力作用，$\theta_{\min}$ 都不等于 0。由该式可知，渗透系数的值在 $\theta=\theta_{\max}$ 时具有最大值 K_S，在 $\theta=\theta_{\min}$ 时具有最小值 $K_S e^{-a}$。

因此在进行地下水流动的模拟之前，需要确定式(3-26)中的 4 个参数值（$K_S, a, \theta_{\min}, \theta_{\max}$）。条件允许的情况下，$K_S$ 可以通过透水试验的方式获得，$\theta_{\max}$ 可以通过烘干实验获得。而对于 a 和 $\theta_{\min}$ 的实际测定往往比较困难，通常采用模型拟合的方法进行估计。

同样地，非饱和状态下的扩散系数 $D(\theta)$ 也依赖于土壤含水率的变化而变化，本研究采用同样的指数型函数对扩散系数进行估计：

$$D(\theta) = D_S \exp\left[-b\left(\frac{\theta_{\max}-\theta}{\theta_{\max}-\theta_{\min}}\right)\right] \quad (3\text{-}27)$$

式中，D_S 为土壤在饱和含水状态下的垂向扩散系数；$b(b>0)$ 表示扩散系数的变化率；$\theta_{\max}$ 和 $\theta_{\min}$ 意义与式(3-26)相同。扩散系数 $D(\theta)$ 的最大值为 D_S（$\theta=\theta_{\max}$ 时），最小值为 $D_S e^{-b}$（$\theta=\theta_{\min}$ 时）。其中，实际测定 D_S 和 b 的值往往难度较大，通常也采用模型拟合的方法进行估计。

以上介绍了非饱和层地下水流动模拟过程采用的 6 个土壤参数，分别是：饱和渗透系数 K_S；渗透系数变化率 a；饱和扩散系数 D_S；扩散系数变化率 b；最大含水率 $\theta_{\max}$；最小含水率 $\theta_{\min}$。

3.1.7 边界条件和初始条件

前面讨论了地下水渗透的质量守恒原理和渗流基本定律，推导了非饱和层地下水渗透的基本微分方程，但是仅仅根据该方程依然不能刻画出某区域地下水流动的特殊规律，还必须加入说明研究区域及外界影响

第 3 章 地下水储量变化模拟及其重力场影响

的边界条件和涉及初始状态的初始条件。

1. 上界面(地表面)的边界条件

假定降水的强度不超过土壤的入渗能力,即地面无积水,降水全部渗入土壤孔隙,有:

$$v_s(t) = -P(t) = -[R(t) - E(t)] \tag{3-28}$$

式中,$v_s(t)$为地表处的地下水渗透速率;$P(t)$为有效降水速率;$R(t)$为降水速率;$E(t)$为潜在蒸散发速率。根据压力水头公式和达西定律式可将地表垂向渗透速率表示为:

$$\begin{aligned} v_s(t) &= -K(\theta)\frac{\partial \varphi}{\partial z} = -K(\theta)\left[\frac{\partial h}{\partial z} + 1\right] \\ &= -D(\theta)\frac{\partial \theta}{\partial z} - K(\theta) \\ &= -[R(t) - E(t)] \end{aligned} \tag{3-29}$$

为了准确模拟地下水的分布,此处的 $R(t)$ 采用实测降水量。除了往下渗透保留在土壤中,降水还会以水汽的蒸发和植物蒸腾的形式回到大气中去。而蒸散发量的实际观测值很难有条件获得,因此本书利用经验公式估算的潜在蒸散发量作为其代替值。下面,给出两种常用的潜在蒸散发量经验估算公式。

首先,Thornthwaite(1948)经验公式根据每月平均气温 T_i 来估算每月潜在蒸散发量 E_t,

$$E_t(i) = C(i,\varphi) \cdot T(i)^a \tag{3-30}$$

其中,$a = (6.75 \times 10^{-7})I^3 - (7.71 \times 10^{-5})I^2 + (1.792 \times 10^{-2})I + 4.9239 \times 10^{-1}$

$$I = \sum_{i=1}^{12}\left(\frac{T_i}{5}\right)^{1.514}$$

式中,$C(i,\varphi)$ 为与纬度相关的每月日照时间校正值。由于该公式是基于美国大陆区域地下水收支平衡规律的经验公式,并不一定能适用于我国研究区域,而且时间分辨率也较低(月值数据),很难满足本书定量模拟地下水分布变化的要求。但其计算具有输入数据要求简单的特点,只需每月平均气温就能实现每月潜在蒸散发量的估计,因此本研究将在稳定流求解的边界条件中使用该项估计。

另外,Penman(1948)从地面的热量收支平衡和水分扩散原理出发,对区域的日潜在蒸散发量 E_p 进行了估算:

$$E_p = \frac{\Delta(T)}{\Delta(T)+\gamma}\left\{\frac{S(J,\varphi,\alpha,n,T,H)}{\ell(T)} + f(u,h_a)[E_{sa}(T)-E_a(T,H)]\right\}$$
(3-31)

式中,Δ、S、ℓ、f、E_{sa} 和 E_a 是气象学中的函数。日潜在蒸散发量 E_p 可由4个日气象参数(平均温度 T、平均相对湿度 H、日照小时数 n 和平均风速 u)及4个系数(湿度计系数 γ、纬度 φ、风速计高度 h_a 和地表反射率 α)计算得到。虽然,E_p 比 E_t 的计算所需要准备的输入数据更多,但是前者估算的日潜在蒸散发量能够更好地满足高时间分辨率的要求,因此本研究将在非稳定流的求解中使用 Penman 估算的日潜在蒸散发量。其中必要的气象参数由气象观测站的观测取得,对于地表反射率 α 的选取,研究中使用的是土壤和草地的平均反射率 0.2,尽管实际情况下会随植被、土壤颜色和土壤湿度的变化而变化(Oke,1978)。

2. 下界面(地下水面)的边界条件

非饱和层的下界面是地下水面,该界面也是非饱和层变为饱和层的分界面,界面以上为非饱和区域,土壤含水率小于土壤孔隙度;界面以下为饱和区域,土壤含水率等于土壤孔隙度。即有:

$$\theta(z,t) = \theta_{\max} = n, 0 \leqslant z \leqslant h(t)$$
(3-32)

式中,$\theta_{\max}$ 为土壤的最大含水率;n 为土壤有效孔隙度;$h(t)$ 为地下水面至参考面位置的高度。

3. 初始条件

为了计算非稳定流情况下的地下水分布随时间的变化,需要适当地设定初始条件。选定稳定流状态下求解的地下水分布(稳态解)作为非稳态流分析的初始条件,即有如下表示形式的初始条件:

$$\theta(z,0) = \theta_s(z)$$
(3-33)

式中,$\theta(z,0)$ 为初始时刻的土壤含水率分布;$\theta_s(z)$ 为参考面以上垂直高度 z 处的土壤水稳态分布,是稳定流渗透方程的解。

稳定流的渗透方程不包含时间的变化量,它可以由非稳态的渗透方程式得到,将方程的左边设置为0,则有稳定流的渗透方程:

$$\frac{\partial}{\partial z}\left[D(\theta)\frac{\partial \theta}{\partial z}\right] + \frac{\partial K(\theta)}{\partial z} = 0 \qquad (3-34)$$

加上边界条件:

$$v_s = -P_0 = -(\bar{R} - E_0) = -D(\theta)\frac{\partial \theta}{\partial z} - K(\theta) \qquad (3-35)$$

$$\theta(z,0) = \theta_{\max} = n, 0 \leqslant z \leqslant h(0) \qquad (3-36)$$

这里,$h(0)$表示起始时刻地下水面至参考面的高。年平均降水量$\bar{R}$来自中国气象局的多年统计资料,年平均蒸散发量采用Thornthwaite(1948)经验公式估算的每月蒸散发量累加值,即:

$$E_0 = \sum_{i=1}^{12} E_t(i) \qquad (3-37)$$

联立式(3-34)、式(3-35)和式(3-36),组成非饱和层一维垂向稳定流的数学模型,该模型的解即为土壤水的稳态分布$\theta_s(z)$。

3.2 渗透方程的数值解算

国内外许多学者都对非饱和土壤水分的运动进行了大量的数值模拟研究,并取得了一系列的成果。对于基本渗透方程的数值解算问题的相关探讨,促使了很多数值解算方法的产生,包括有限差分法、有限元法、有限体积法、积分有限差分法、特征有限差分法、有限元质量集中法等。这些数值解法的出现,使得土壤水分运动模型的理论研究和实际应用成为了可能。而计算机的出现和普及,为土壤水分运动的预报和模拟提供了便捷条件。因此,利用数值方法解算渗透方程,并基于计算机实现土壤水分运动的数值模拟,已经成为研究非饱和层地下水渗透问题的主要途径。

目前,求解渗透方程最常见的是有限差分法和有限元法。有限差分法原理简单且计算方便,因此,在渗透方程的数值解算中经常使用。但是它离散化采用的直角网格,很难适用于边界形状比较复杂的区域。而有限元法的网格划分灵活多变,能够适应各种区域的边界形状,特别适用于含有复杂边界条件的数值问题。本研究中,只对非饱和层的一维垂向渗透问题进行模拟,因此,采用简单方便的有限差分法进行渗透方程的数值解算。

有限差分法(Finite Difference Method)的基本原理是用选定的有限离散点集合来代替连续的渗流区域,在这些离散点上用差商来近似地代替导数,将描述渗透问题的偏微分方程及其定解条件转化为一组以有限个未知函数在离散点上的近似值为未知量的差分方程组,然后对差分方程组进行求解,从而得到微分方程的解在离散点上的近似值。

首先对研究区域进行离散化的网格划分,如图 3-5 所示,在空间上按照垂直方向将研究区域 $[0,d]$ 均匀划分为 M 个水平层,空间步长 Δz,并在时间上将时间轴均匀划分为 N 个时间段,时间步长 Δt。这样便得到一维垂向渗透问题的时空网格,有限差分法求解就是要得到时空网格上各离散点处的含水率值,或是在不同时间层上各空间离散点的含水率值。差分方程是在各离散点处利用差商近似代替微分方程中的导数而建立的关系式,联立各离散点处的差分方程和边界条件便可得差分方程组。

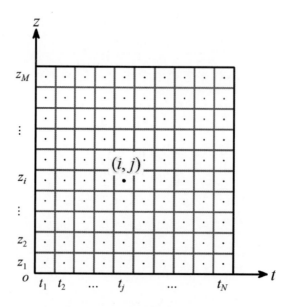

图 3-5 非饱和层一维垂向渗透问题的网格划分

3.2.1 差分原理

在 z 轴上任意取一点 i,其坐标为 $z_i = i\Delta z$,其相邻两点分别为 $(i-1)$ 和 $(i+1)$,坐标分别为 $z_{i-1} = (i-1)\Delta z$ 和 $z_{i+1} = (i+1)\Delta z$。以点 i 为中心,将含水率函数 $\theta(z,t)$ 用 Taylor 级数展开,有:

$$\theta_{i+1}^j = \theta_i^j + \Delta z \left.\frac{\partial \theta}{\partial z}\right|_i^j + \frac{(\Delta z)^2}{2!}\left.\frac{\partial^2 \theta}{\partial z^2}\right|_i^j + \frac{(\Delta z)^3}{3!}\left.\frac{\partial^3 \theta}{\partial z^3}\right|_i^j + \frac{(\Delta z)^4}{4}\left.\frac{\partial^4 \theta}{\partial z^4}\right|_i^j + \cdots \tag{3-38}$$

$$\theta_{i-1}^j = \theta_i^j - \Delta z \left.\frac{\partial \theta}{\partial z}\right|_i^j + \frac{(\Delta z)^2}{2!}\left.\frac{\partial^2 \theta}{\partial z^2}\right|_i^j - \frac{(\Delta z)^3}{3!}\left.\frac{\partial^3 \theta}{\partial z^3}\right|_i^j + \frac{(\Delta z)^4}{4}\left.\frac{\partial^4 \theta}{\partial z^4}\right|_i^j - \cdots \tag{3-39}$$

式中,$\theta_{i+1}^j = \theta(z_{i+1}, t_j) = \theta(z_i + \Delta z, t_j)$,$\theta_{i-1}^j = \theta(z_{i-1}, t_j) = \theta(z_i - \Delta z, t_j)$,$\theta_i^j = \theta(z_i, t_j)$,$\left.\frac{\partial \theta}{\partial z}\right|_i^j$ 表示 t_j 时刻在点 i 处的含水率导数值,其余各项的含义可依次类推。

由式(3-38)可得:

$$\left.\frac{\partial \theta}{\partial z}\right|_i^j = \frac{\theta_{i+1}^j - \theta_i^j}{\Delta z} - \frac{\Delta z}{2!}\left.\frac{\partial^2 \theta}{\partial z^2}\right|_i^j - \frac{(\Delta z)^2}{3!}\left.\frac{\partial^3 \theta}{\partial z^3}\right|_i^j - \cdots$$

$$= \frac{\theta_{i+1}^j - \theta_i^j}{\Delta z} + O(\Delta z) \tag{3-40}$$

其中 $O(\Delta z)$ 为余项,表示($\Delta z \to 0$ 时)与 Δz 同阶的无穷小。因此舍去无穷小量,则有一阶导数的有限差分近似表示:

$$\left.\frac{\partial \theta}{\partial z}\right|_i^j = \frac{\theta_{i+1}^j - \theta_i^j}{\Delta z} \tag{3-41}$$

该式即为一阶导数的向前差分公式,具有一阶截断误差。同理,由式(3-39)可得:

$$\left.\frac{\partial \theta}{\partial z}\right|_i^j = \frac{\theta_i^j - \theta_{i-1}^j}{\Delta z} + O(\Delta z) \tag{3-42}$$

舍去无穷小量,有:

$$\left.\frac{\partial \theta}{\partial z}\right|_i^j = \frac{\theta_i^j - \theta_{i-1}^j}{\Delta z} \tag{3-43}$$

该式即为一阶导数的向后差分公式,其截断误差 $O(\Delta z)$ 也为一阶。由式(3-38)减去式(3-39),可得:

$$\left.\frac{\partial \theta}{\partial z}\right|_i^j = \frac{\theta_{i+1}^j - \theta_{i-1}^j}{2\Delta z} + O(\Delta z^2) \tag{3-44}$$

截断误差 $O(\Delta z^2)$ 表示($\Delta z \to 0$ 时)与 Δz 的平方同阶的无穷小。略去余项 $O(\Delta z^2)$,得:

$$\left.\frac{\partial \theta}{\partial z}\right|_i^j = \frac{\theta_{i+1}^j - \theta_{i-1}^j}{2\Delta z} \tag{3-45}$$

该式即一阶导数的中心差分公式,具有二阶的截断误差。

式(3-41)、式(3-43)和式(3-45)分别为针对自变量 z 的向前、向后和中心差分公式,类似地,对时间变量 t 也可获得相应的差分形式。

3.2.2 显式差分

1. 微分方程的差分化

对于微分方程,显式差分用时间上的向前差分公式代替 $\frac{\partial \theta}{\partial t}$,有:

$$\left.\frac{\partial \theta(z,t)}{\partial t}\right|_{z_i}^{t_j} = \left.\frac{\partial \theta}{\partial t}\right|_i^j = \frac{\theta_i^{j+1} - \theta_i^j}{\Delta t} + O(\Delta t) \tag{3-46}$$

用空间上的一阶中心差分公式代替 $\frac{\partial}{\partial z}\left[D(\theta)\frac{\partial \theta}{\partial z}\right]$,有:

$$\begin{aligned}
\left.\frac{\partial}{\partial z}\left[D(\theta)\frac{\partial \theta}{\partial z}\right]\right|_{z_i}^{t_j} &= \left.\frac{\partial}{\partial z}\left[D\frac{\partial \theta}{\partial z}\right]\right|_i^j \\
&= \frac{1}{\Delta z}\left(\left[D\frac{\partial \theta}{\partial z}\right]\bigg|_{i+\frac{1}{2}}^j - \left[D\frac{\partial \theta}{\partial z}\right]\bigg|_{i-\frac{1}{2}}^j\right) + O(\Delta z^2) \\
&= D_{i+\frac{1}{2}}^j \frac{\theta_{i+1}^j - \theta_i^j + O(\Delta z^3)}{\Delta z^2} + D_{i-\frac{1}{2}}^j \frac{\theta_{i-1}^j - \theta_i^j + O(\Delta z^3)}{\Delta z^2} \\
&\quad + O(\Delta z^2) \\
&= D_{i+\frac{1}{2}}^j \frac{\theta_{i+1}^j - \theta_i^j}{\Delta z^2} + D_{i-\frac{1}{2}}^j \frac{\theta_{i-1}^j - \theta_i^j}{\Delta z^2} + O(\Delta z) \tag{3-47}
\end{aligned}$$

式中,$D_{i+\frac{1}{2}}^j$ 和 $D_{i-\frac{1}{2}}^j$ 分别表示节点 $\left(i+\frac{1}{2},j\right)$ 和 $\left(i-\frac{1}{2},j\right)$ 处的扩散系数。

用空间上的一阶中心差公式代替 $\dfrac{\partial K(\theta)}{\partial z}$，有：

$$\left.\dfrac{\partial K(\theta)}{\partial z}\right|_{z_i}^{t_j} = \left.\dfrac{\partial K}{\partial z}\right|_i^j = \dfrac{K_{i+\frac{1}{2}}^j - K_{i-\frac{1}{2}}^j}{\Delta z} + O(\Delta z^2) \tag{3-48}$$

式中，$K_{i+\frac{1}{2}}^j$ 和 $K_{i-\frac{1}{2}}^j$ 分别表示节点 $\left(i+\dfrac{1}{2},j\right)$ 和 $\left(i-\dfrac{1}{2},j\right)$ 处的渗透系数。

因此，将式(3-46)、式(3-47)、式(3-48)代入微分方程式(3-25)中，舍去无穷小量，有：

$$\dfrac{\theta_i^{j+1} - \theta_i^j}{\Delta t} = D_{i+\frac{1}{2}}^j \dfrac{\theta_{i+1}^j - \theta_i^j}{\Delta z^2} + D_{i-\frac{1}{2}}^j \dfrac{\theta_{i-1}^j - \theta_i^j}{\Delta z^2} + \dfrac{K_{i+\frac{1}{2}}^j - K_{i+\frac{1}{2}}^j}{\Delta z} \tag{3-49}$$

令

$$\lambda = \dfrac{\Delta t}{\Delta z^2}$$

式(3-49)可以写成：

$$\theta_i^{j+1} = \lambda D_{i-\frac{1}{2}}^j \theta_{i-1}^j + [1 - \lambda(D_{i+\frac{1}{2}}^j + D_{i-\frac{1}{2}}^j)]\theta_i^j + \lambda D_{i+\frac{1}{2}}^j \theta_{i+1}^j + \lambda(K_{i+\frac{1}{2}}^j - K_{i+\frac{1}{2}}^j)\Delta z \tag{3-50}$$

式中，θ_i^{j+1} 是垂向第 i 层下一个时刻 t_{j+1} 的含水率，可由该时刻 t_j 的含水率分布直接求得，该式即 Richards 方程的显式差分格式。

2. 边界条件的差分化

同样地，数值模拟需要对边界条件进行离散差分化。对于上界面（地表面）的渗透速率边界条件式，其具体差分形式为：

$$v_s(t_{j+1}) = v_{M+\frac{1}{2}}^{j+1} = -P(t_{j+1}) = -\left[D_{M+\frac{1}{2}}^{j+1} \dfrac{\theta_{M+1}^{j+1} - \theta_M^{j+1}}{\Delta z} + K_{M+\frac{1}{2}}^{j+1}\right] \tag{3-51}$$

整理得：

$$\theta_{M+1}^{j+1} - \theta_M^{j+1} = \dfrac{\Delta z}{D_{M+\frac{1}{2}}^{j+1}}[P(t_{j+1}) - K_{M+\frac{1}{2}}^{j+1}] \tag{3-52}$$

对于下界面（地下水面）的含水率边界条件式，其离散形式相对简单，地下水面以下的土壤均处于饱和状态，即有：

$$\theta_1^{j+1} = \cdots = \theta_{M_s}^{j+1} = \theta_{\max} = n, M_s \Delta z \leqslant h(t_{j+1}) < (M_s + 1)\Delta z$$

$$\tag{3-53}$$

式中，M_s 表示地下水面 $h(t_{j+1})$ 以下的土壤水平层数。

对于计算区域内的 M 个水平含水层和 1 个边界虚拟层的 $(M+1)$ 个未知含水率，需要同样数量的条件或方程才能唯一确定它们的值。式 (3-53) 中有 M_s 个含水率已知量；式 (3-52) 中的 i 从 (M_s+1) 到 M，一共有 $(M-M_s)$ 个差分方程；再加上式 (3-52)，这样总共就有 $(M+1)$ 个已知条件或方程，满足唯一确定待求未知数的要求。

3. 初始条件的求解

下面对初始条件进行差分化和求解，获取初始时刻各层的含水率分布。由稳定流的渗透方程可知：

$$\frac{\partial}{\partial z}\left[D(\theta)\frac{\partial \theta}{\partial z}+K(\theta)\right]=\frac{\partial v}{\partial z}=0$$

这说明稳定流状态下各处的渗流速度相同。加上稳定流状态下的边界条件：

$$v_s=-P_0=-(\bar{R}-E_0)$$

则有：

$$v_i=v_s=-P_0=-\left[D^0_{i+\frac{1}{2}}\frac{\theta^0_{i+1}-\theta^0_i}{\Delta z}+K^0_{i+\frac{1}{2}}\right] \quad (3\text{-}54)$$

$$\theta^0_{i+1}=\frac{\Delta z}{D^0_{i+\frac{1}{2}}}(P_0-K^0_{i+\frac{1}{2}})+\theta^0_i \quad (3\text{-}55)$$

对于初始地下水面以下的土壤，有：

$$\theta^0_1=\cdots=\theta^0_{M_s}=\theta_{\max}=n, M_s\Delta z\leqslant h(0)<(M_s+1)\Delta z \quad (3\text{-}56)$$

先由式 (3-56) 给出初始时刻 t_0 的含水率 $\theta^0_1,\theta^0_2,\cdots,\theta^0_{M_s}$，再根据式 (3-55)，依次计算出 t_0 时刻的含水率 $\theta^0_{M_s+1},\theta^0_{M_s+2},\cdots,\theta^0_{M+1}$，这样便得到 t_0 时刻各处的土壤含水率，将此稳定流状态下的解 θ_s 作为方程的初始条件使用。

4. 收敛条件

在实际应用中，不收敛和不稳定的差分格式是毫无意义的，因此这里的空间和时间步长都不是任意选定的，必须满足一定的收敛条件。陈崇希 (1990) 对差分格式的收敛性和稳定性进行了详细的讨论，研究表明，一维显式差分格式收敛和稳定的充分必要条件如下：

$$0 < \frac{\Delta t}{\Delta z^2} D_s \leqslant \frac{1}{2} \tag{3-57}$$

式中，D_s 为土壤垂向饱和扩散系数。通常 D_s 的数值会较小，为了满足上式的条件，要么放大 Δz，要么缩小 Δt。而前者会引起更大的截断误差，后者会增加时间节点数从而增大计算量，因此需权衡考虑。

5. 层间参数取值的加权公式

注意到公式中系数 D_{i++}^j、D_{i-+}^j、K_{i++}^j、K_{i-+}^j 都不是整数层的参数值，这就涉及层间参数的取值问题，层间参数取值的加权公式有多种（Haverkamp and Vauclin,1979），如：

算术平均值

$$D_{i\pm\frac{1}{2}}^j = \frac{D_i^j + D_{i\pm1}^j}{2}, K_{i\pm\frac{1}{2}}^j = \frac{K_i^j + K_{i\pm1}^j}{2}$$

几何平均值

$$D_{i\pm\frac{1}{2}}^j = \sqrt{D_i^j \times D_{i\pm1}^j}, K_{i\pm\frac{1}{2}}^j = \sqrt{K_i^j \times K_{i\pm1}^j}$$

调和平均值

$$D_{i\pm\frac{1}{2}}^j = 2\frac{D_i^j \times D_{i\pm1}^j}{D_i^j + D_{i\pm1}^j}, K_{i\pm\frac{1}{2}}^j = 2\frac{K_i^j \times K_{i\pm1}^j}{K_i^j + K_{i\pm1}^j}$$

上游值

$$D_{i\pm\frac{1}{2}}^j = \begin{cases} D_{i\pm1}^j, \theta_{i\pm1}^j \geqslant \theta_i^j \\ D_i^j, \theta_i^j > \theta_{i\pm1}^j \end{cases}, K_{i\pm\frac{1}{2}}^j = \begin{cases} K_{i\pm1}^j, \theta_{i\pm1}^j \geqslant \theta_i^j \\ K_i^j, \theta_i^j > \theta_{i\pm1}^j \end{cases}$$

其中算术平均值法适用于土壤水分运动参数分布均匀，随土壤含水率缓慢变化的情况。而对于土壤水分运动参数分布不均匀，相邻结点相差较大时，多采用几何平均值法或调和平均值法，具体应用中，应当根据实际情况选取合适的取值方法。

3.2.3 隐式差分

与显示差分格式不同的是，隐式差分用时间上的向后差分公式代替 $\frac{\partial \theta}{\partial t}$，有：

$$\left.\frac{\partial \theta(z,t)}{\partial t}\right|_{z_i}^{t_{j+1}} = \left.\frac{\partial \theta}{\partial t}\right|_i^{j+1} = \frac{\theta_i^{j+1} - \theta_i^j}{\Delta t} + O(\Delta t) \qquad (3\text{-}58)$$

截断误差 $O(\Delta t)$ 表示（$\Delta t \to 0$ 时）与 Δt 同阶的无穷小。参照显式差分格式的推导过程，有：

$$\frac{\theta_i^{j+1} - \theta_i^j}{\Delta t} = D_{i+\frac{1}{2}}^{j+1} \frac{\theta_{i+1}^{j+1} - \theta_i^{j+1}}{[\Delta z]^2} + D_{i-\frac{1}{2}}^{j+1} \frac{\theta_{i-1}^{j+1} - \theta_i^{j+1}}{[\Delta z]^2} + \frac{K_{i+\frac{1}{2}}^{j+1} - K_{i-\frac{1}{2}}^{j+1}}{\Delta z} \qquad (3\text{-}59)$$

可以改写成：

$$D_{i-\frac{1}{2}}^{j+1}\theta_{i-1}^{j+1} - [1 + \lambda(D_{i-\frac{1}{2}}^{j+1} + D_{i+\frac{1}{2}}^{j+1})]\theta_i^{j+1} + \lambda D_{i+\frac{1}{2}}^{j+1}\theta_{i+1}^{j+1}$$
$$= \lambda \Delta z(K_{i+\frac{1}{2}}^{j+1} - K_{i-\frac{1}{2}}^{j+1}) - \theta_i^j \qquad (3\text{-}60)$$

式中，θ_{i-1}^{j+1}、θ_i^{j+1} 和 θ_{i+1}^{j+1} 分别是第 $i-1$、i 和 $i+1$ 层下一个时刻 t_{j+1} 的含水率，不可由该式直接从时刻 t_j 的含水率分布求得，所以称为隐式差分。由式(3-60)的 i 从 1 取值到 M，列出 M 个这样的式子，并把边界条件：

$$\theta_0^{j+1} = n$$

$$\theta_{M+1}^{j+1} - \theta_M^{j+1} = \frac{\Delta z}{D_{M+\frac{1}{2}}^{j+1}}[P(t_{j+1}) - K_{M+\frac{1}{2}}^{j+1}]$$

代入 $i=1$ 和 $i=M$ 两个式子，通过联立形成方程组。由于所得方程组的系数矩阵只在 3 条对角线上有非零值，故称为三对角方程组，可采用追赶法进行求解。这就是 Richards 方程的隐式差分格式。

可以证明，隐式差分对任意的空间和时间步长均收敛且稳定，即无条件收敛且稳定，因此 Δt 的取值不受 Δz 的严格限制。

3.2.4 中心差分

如果用时间上的中心差分公式代替 $\dfrac{\partial \theta}{\partial t}$，有：

$$\left.\frac{\partial \theta(z,t)}{\partial t}\right|_{z_i}^{t_{j+\frac{1}{2}}} = \left.\frac{\partial \theta}{\partial t}\right|_i^{j+\frac{1}{2}} = \frac{\theta_i^{j+1} - \theta_i^j}{2 \times \frac{\Delta t}{2}} + O([\Delta t]^2) \qquad (3\text{-}61)$$

截断误差 $O([\Delta t]^2)$ 表示（$\Delta t \to 0$ 时）与 Δt 的平方同阶的无穷小。同样，参照隐式差分公式的推导过程，有：

$$\frac{\theta_i^{j+1} - \theta_i^j}{\Delta t} = D_{i+\frac{1}{2}}^{j+\frac{1}{2}} \frac{\theta_{i+1}^{j+\frac{1}{2}} - \theta_i^{j+\frac{1}{2}}}{[\Delta z]^2} + D_{i-\frac{1}{2}}^{j+\frac{1}{2}} \frac{\theta_{i-1}^{j+\frac{1}{2}} - \theta_i^{j+\frac{1}{2}}}{[\Delta z]^2} + \frac{K_{i+\frac{1}{2}}^{j+\frac{1}{2}} - K_{i-\frac{1}{2}}^{j+\frac{1}{2}}}{\Delta z}$$

$$(3\text{-}62)$$

式中，$\theta_{i-1}^{j+\frac{1}{2}}$、$\theta_i^{j+\frac{1}{2}}$ 和 $\theta_{i+1}^{j+\frac{1}{2}}$ 分别是垂向第 $i-1$、i 和 $i+1$ 层在 $t_{j+\frac{1}{2}}$ 时刻的含水率，用它们在 t_{j+1} 和 t_j 时刻含水率的平均值代替，对 $D_{i+\frac{1}{2}}^{j+\frac{1}{2}}$、$D_{i-\frac{1}{2}}^{j+\frac{1}{2}}$、$K_{i+\frac{1}{2}}^{j+\frac{1}{2}}$ 和 $K_{i-\frac{1}{2}}^{j+\frac{1}{2}}$ 采用同样的处理。同样地，该式也无法直接求解，需通过联立形成与隐式差分相似的三对角方程组，采用追赶法进行求解，这就是 Richards 方程的中心差分格式。它与隐式差分格式具有相同的形式，两者的区别只在于三对角方程系数的不同。

从上述的推导过程可知，中心差分格式的截断误差为 $O([\Delta t]^2)+O(\Delta z)$，比显式和隐式差分格式的截断误差 $O(\Delta t)+O(\Delta z)$ 要小，因此中心差分格式具有更高的数值模拟精度。此外，中心差分和隐式差分一样具有无条件收敛及稳定的性质。

3.2.5 线性化问题

由式(3-60)和式(3-62)可知，隐式差分与中心差分格式中的扩散系数和渗透系数均为待求含水率的函数，因此该两方程是非线性的，故而牵涉到方程的线性化问题。常用的线性化方法包括显式法、预测-校正法和迭代法等(薛禹群，2007)。下面以隐式差分法为例，对此3种线性化方法进行说明。

显式法即采用上一时刻的参数值 D_i^j（或 K_i^j）代替方程中的 D_i^{j+1}（或 K_i^{j+1}），已有研究证明该方法可获得在数学上趋于原微分方程的数值解。

预测-校正法顾名思义即先对未知含水率 θ_i^{j+1} 进行预测，后在此基础上进一步获得其校正值。如先用显式差分法结果作为 t_{j+1} 时刻的预测值 θ_i^{j+1}，根据土壤参数与含水率的关系曲线获得 D_i^{j+1}（或 K_i^{j+1}）的值，后按隐式差分解算三对角方程获取 t_{j+1} 时刻的校正值 θ_i^{j+1}。

迭代法即先取 t_j 时刻的 D_i^j（或 K_i^j）作为 D_i^{j+1}（或 K_i^{j+1}）的估计值，后按照隐式差分解算三对角方程组，获得 t_{j+1} 时刻含水率 θ_i^{j+1} 的第一次迭代值 $\theta_i^{j+1(1)}$，根据 $\theta_i^{j+1(1)}$ 及土壤参数与含水率的关系曲线得到新的 D_i^{j+1}（或 K_i^{j+1}）值，再次按照隐式差分解算三对角方程组，获取第二次迭代值 $\theta_i^{j+1(2)}$。重复迭代过程，直至各层前后两次迭代值之差小于规定的允许误

差 e 为止：
$$\text{Max} \mid \theta_i^{j+1\ (m)} - \theta_i^{j+1\ (m-1)} \mid \leqslant e$$

结点之间的参数值可以采用前文所述参数取值方法的一种，或先采用两点处的含水率按上述方式中的一种取值之后，再由土壤参数与含水率的关系曲线查得参数值。

3.3 地下水重力场影响

地下水变化会引起地下质量的重新分布及相应的重力场变化，对时变重力场的影响可达数十个微伽，足以掩盖重力观测中各种本就微弱的地球物理/地球动力学信号，因此研究地下水变化对重力场观测的影响显得十分必要。

本书将利用气象观测数据和地下水位资料，参照本章前两节的方法对台站局部范围垂直方向上的土壤含水率分布进行定量模拟，并对相应的地下水重力场影响进行精确估计。通常，在研究局部范围的地下水重力场影响时只考虑其直接牛顿引力项，而忽略间接位移效应与弹性负荷项，并用无限平板模型近似估计局部范围地下水重新分布产生的重力场影响 $g_w(t)$，有：

$$\begin{aligned}g_w(t) &= \rho_w G \int_{-\infty}^{\infty} \int_{-\infty}^{\infty} \int_0^{z_s} \frac{z_0-z}{r^3} \theta(z,t) \mathrm{d}x\mathrm{d}y\mathrm{d}z \\ &\approx 2\pi\rho_w G \int_0^{z_s} \theta(z,t)\mathrm{d}z\end{aligned} \quad (3\text{-}63)$$

其中，$r = \sqrt{(x-x_0)^2 + (y-y_0)^2 + (z-z_0)^2}$

式中，ρ_w 为水的密度（取 $1.0 \times 10^3 \text{kg/m}^3$）；$G$ 为万有引力常数；(x,y,z) 为地下水质量坐标；(x_0,y_0,z_0) 为重力观测点坐标；z_s 为地面的相对高程。针对上一节有限差分法数值模拟的各层含水率分布，可简化为如下求和公式：

$$g_w(t) = 2\pi\rho_w G \Delta z \cdot \sum_{i=1}^{M} \theta_i(t) \quad (3\text{-}64)$$

式中，Δz 为有限差分的垂直网格划分空间步长；M 为计算区域的土壤总层数；$\theta_i(t)$ 为各层的含水率。

需要注意的是，在此忽略了地形的起伏和地下水分布的横向不均匀性，并对研究区域作了平坦假设，将水分布视为水平方向上的均匀分布。这些不可避免地会带来一定的影响，尤其是在地形起伏变化较大的区域。随着研究区域详细地形资料的日益精确，可对地形的影响做出定量评估，获得更加精确的模拟结果。

3.4 差分方法比较

本章 3.2 节给出了一维地下水渗透方程（Richards 方程）的 3 种有限差分格式解算方法，三者均有各自的优缺点（表 3-4）。本节将主要对比不同差分算法及其过程中采用的层间参数取值方法和线性化方法对地下水模拟结果与相应重力效应精确计算的影响。

表 3-4 有限差分格式比较

	显式差分	隐式差分	中心差分
优点	计算简单	绝对收敛	绝对收敛 精度较高
缺点	条件收敛 精度较差	精度较差	计算量大

3.4.1 层间参数取值的加权公式比较

不同于本章 3.2 节提到的几种层间参数取值方法，Kazama 等（2012）采用的取值方法为：

$$D_{i\pm\frac{1}{2}}^{j} = D\left(\frac{\theta_i^j + \theta_{i\pm1}^j}{2}\right), K_{i\pm\frac{1}{2}}^{j} = K\left(\frac{\theta_i^j + \theta_{i\pm1}^j}{2}\right) \tag{3-65}$$

结合扩散系数和渗透系数的指数公式[式(3-26)和式(3-27)]、层间参数取值公式以及 Kazama 等（2012）采用的取值方法，有：

$$D\left(\frac{\theta_i^j + \theta_{i\pm1}^j}{2}\right) = D_S \exp\left[-b\left(\frac{\theta_{\max} - \dfrac{\theta_i^j + \theta_{i\pm1}^j}{2}}{\theta_{\max} - \theta_{\min}}\right)\right]$$

$$= D_S \exp\left[-b\left(\frac{\dfrac{\theta_{\max} - \theta_i^j}{2}}{\theta_{\max} - \theta_{\min}}\right)\right] \times \exp\left[-b\left(\frac{\dfrac{\theta_{\max} - \theta_{i\pm1}^j}{2}}{\theta_{\max} - \theta_{\min}}\right)\right]$$

$$= \sqrt{D_S \exp\left[-b\left(\frac{\theta_{\max} - \theta_i^j}{\theta_{\max} - \theta_{\min}}\right)\right] \times D_S \exp\left[-b\left(\frac{\theta_{\max} - \theta_{i\pm1}^j}{\theta_{\max} - \theta_{\min}}\right)\right]}$$

$$= \sqrt{D_i^j \times D_{i\pm1}^j}$$

由此可知，Kazama 等（2012）采用的取值方法实际上与几何平均值法是等价的。

为了比较不同加权公式的模拟效果，采用相同的差分格式、模型参数、初始条件及不同的层间参数加权公式，分别对 Kazama 等（2012）中的地下水流动问题进行模拟，获得计算区域（地表至地下 10 m）的土壤含水率分布及其重力效应。土壤性质参数的取值如表 3-5 所示，均由样本试验和试错拟合方法得到，详细描述过程请参考 Kazama 等（2012）的第三部分。

表 3-5 土壤性质参数值

参数	$K_s/(\text{m/s})$	$D_S/(\text{m/s}^2)$	a	b	$\theta_{\max}$	$\theta_{\min}$
值	5.000×10^{-8}	1.000×10^{-6}	2.057	3.947	0.52	0.28

渗透方程的求解，需要加入一定的边界条件和初始条件组成渗透模型。这里给定的 2 个边界条件分别是地表处的渗透速率条件和地下水位处的含水率条件，初始条件设定为定水头稳定流条件下的稳态解，Kazama 等（2012）第三部分对此也有详细的说明。

图 3-6 显示了不同层间参数加权公式对地下 50cm 处含水率模拟结果的影响，该图给出了 4 种不同层间参数加权公式所得模拟结果与 Kazama 等（2012）模拟结果的差异。可以发现，Kazama 等（2012）的模拟结果与几何平均值法的结果差异值为 0，在实际计算中再次证明了两者的等价性。

而与上游值法的结果差异最大,最大可以达 0.01,与调和平均值法的结果差异次之,与算数平均值法的结果差异更小,在 0.001 以内。

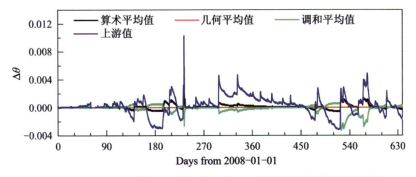

图 3-6　不同层间参数加权公式对地下 50cm 处含水率模拟结果的影响

图 3-7 显示了不同层间参数加权公式对地下水重力效应模拟结果的影响,该图给出了 4 种不同层间参数加权公式模拟的地下水重力效应与 Kazama 等(2012)模拟结果的差异,表 3-6 给出了它们的标准差(standard deviation)。可以发现图 3-7 与图 3-6 有着类似的特征,Kazama 等(2012)的模拟结果与采用几何平均值法的结果差异为 0;而与上游值法的结果差异最大,可达 0.15 μGal,标准差为 0.064 μGal;与调和平均值法的结果差异次之,标准差为 0.024 μGal;与算数平均值法的结果差异更小,在 0.05 μGal 以内,标准差为 0.015 μGal。相对于该台站变化幅度达到 8 μGal 的地下水重力效应(Kazama et al.,2012)来说,不同加权公式对地下水重力效应的估计影响在 1.9% 以内。

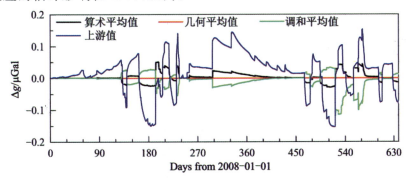

图 3-7　不同层间参数加权公式对地下水重力效应模拟结果的影响

表 3-6　不同层间参数加权公式对地下水重力效应模拟影响的标准差

加权公式	算数平均值	几何平均值	调和平均值	上游值
标准差/μGal	0.015	0.000	0.024	0.064

3.4.2　不同差分格式和线性化方法的比较

为了比较不同差分格式和线性化方法的模拟效果，我们采用相同的层间加权公式、模型参数和初始条件及不同的差分形式或线性化方法组合形式(表 3-7)，分别对 Kazama 等(2012)中的地下水流动问题进行了模拟计算。表 3-7 列出了 7 种差分格式和线性化方法的组合形式，其中 Kazama 等(2012)采用的是组合形式 1(显式差分法)。

表 3-7　不同差分格式和线性化方法的组合形式

组合形式	Method 1	Method 2	Method 3	Method 4	Method 5	Method 6	Method 7
差分格式	显式	隐式	隐式	隐式	中心差分	中心差分	中心差分
线性化方法	—	显式	预测-校正	迭代	显式	预测-校正	迭代

图 3-8 显示了不同差分格式和线性化方法组合形式对地下水重力效应模拟的影响，给出了其他 6 种组合形式的模拟结果与组合形式 1 模拟结果的差异，表 3-8 给出了它们的标准差。从图 3-8 来看，各曲线随着时间慢慢变得分散开来，差异越来越大，说明各方法结果之间的差异存在着一定的累积效应。在计算时间段的 639 天里，与组合形式 1(显式差分法)的差异当中，最大的是组合形式 4(隐式迭代法)，它们之间的差异最大值为 0.12 μGal；而标准差最大的是组合形式 7(中心迭代法)，它们之间差异的标准差为 0.022 μGal。相对于该台站变化幅度达到 8 μGal 的地下水重力效应而言，不同差分格式和线性化方法组合形式对地下水重力效应的估计影响在 1.5% 以内。

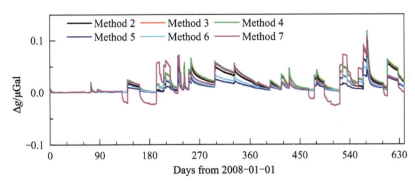

图 3-8　不同差分格式和线性化方法组合形式对地下水重力效应模拟的影响

表 3-8　不同差分格式和线性化方法组合形式对地下水重力效应模拟影响的标准差

组合形式	Method 2	Method 3	Method 4	Method 5	Method 6	Method 7
标准差/μGal	0.015	0.017	0.018	0.008	0.010	0.022

3.5　本章小结

本章首先简单介绍了地下水在自然界中的赋存形式及相关名词术语，引出了地下水分布的数值表示形式。根据地下水流动的达西定律和表征质量守恒原理的连续性方程，详细推导了非饱和层的地下水渗透方程，并给定相应的边界条件和初始条件组成渗透模型。然后根据有限差分法的基本原理，详细给出了渗透模型 3 种不同差分格式的有限差分解算过程。在获得的地下水分布基础上对地下水重力效应进行了计算。最后对比分析了不同解算方法对地下水模拟结果及其相应地下水重力效应的影响，并对其中的层间参数取值和非线性方程的线性化问题进行了探讨。结果表明，在日本 Isawa 超导台站，不同层间参数加权公式最大能够引起约 0.15 μGal 的重力效应差异，影响在 1.9% 以内；不同差分格式和线性化方法组合形式最大能够引起约 0.12 μGal 的重力效应差异，影响在 1.5% 以内。该结果可为一维地下水模拟及水文重力效应改正的算法选取提供重要参考，并应用于后续其他地区的相关研究工作中。

第4章 拉萨超导站地下水重力场影响研究

4.1 引 言

拉萨所处的青藏高原位于太平洋板块、印度板块和欧亚板块的汇聚处(图4-1),是第三纪以来最年轻的造山带及世界上最大、最高的高原,被誉为地球的"第三极"。拉萨地区的长期重力观测能为认识青藏高原现今地壳形变、运动状态和研究高原构造运动机制,提供极其有用的约束信息。

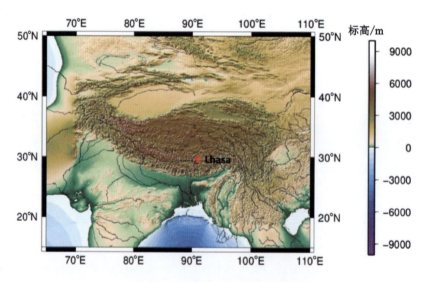

图4-1 青藏高原及周边地形图

[红色五角星表示拉萨超导重力观测站位置(据刘杰等,2015)]

绝对重力测量(如FG5)不仅可获得观测点的绝对重力值,而且可作为控制基准点检测区域重力场的变化,并进一步获得区域的地壳运动与构造特征。张为民等(2000)用拉萨点1993年和1999年的FG5绝对重力观测资料,从重力学角度检测到了拉萨点的隆升。结果显示绝对重力在6

年内减少了 12 μGal，换算为 Bouguer 近似的隆升速率约为 10 mm/a。王勇等(2004)根据拉萨近 10 年的绝对重力重复观测结果，给出了拉萨点的重力下降速率为 (-1.82 ± 0.91) μGal/a，与俯冲位错模型正演计算的重力变化速率较一致，表明拉萨地区的重力变化主要是印度板块与欧亚大陆俯冲引起的。重力变化速率转换成 Bouguer 近似的隆升速率为 8.7 mm/a，与国家高精度重复水准结果基本一致。Sun 等(2009)利用青藏高原南部3 个站点(拉萨、大理和昆明)10 多年的绝对重力和 GPS 数据，在考虑了地表垂直抬升和土壤剥蚀的影响之后，得到 3 个站的重力残差平均变化速率为 (-0.78 ± 0.48) μGal/a，将其作为区域的重力变化值，并由此估计青藏高原地壳增厚的速率为 (2.3 ± 1.3) cm/a。刑乐林等(2011)利用拉萨 14 年的绝对重力资料和国内外 GPS 研究成果，在同样考虑了地表垂直抬升和土壤剥蚀影响的情况下，定量给出了拉萨点地下地壳增厚速率为 (3.9 ± 0.8) cm/a。Sun 等(2011)加入 GRACE 数据，并考虑冰川均衡调整(GIA)因素的影响，重新计算 3 个站(拉萨、大理和昆明)的重力残差的平均变化速率为 (-0.66 ± 0.49) μGal/a，相应的地壳增厚速率为 (1.9 ± 1.4) cm/a，并认为该结果更为合理。这些长期绝对重力观测结果，均检测到了青藏高原的地壳垂直隆升和质量损失及相应的地壳增厚，表明青藏高原依然处于异常剧烈的构造过程当中。

而超导重力仪具有极高的灵敏度和稳定性、极低的噪音水平和漂移以及极宽的动态频率响应范围，在全球地球动力学特别是局部地壳垂直运动的研究中发挥了重要作用(Hinderer and Crossley，2004；Zerbini et al.，2001；Richter et al.，2004；徐建桥等，2008)。为了对青藏高原的演化形成、隆升机制和速率等地球物理学/地球动力学界普遍关注的热点问题进行研究，中国科学院测量与地球物理研究所于 2009 年底在拉萨建立了超导重力仪 SG057 永久观测站，以监测该区域重力的长期、连续变化(徐建桥等，2012)。

近年来，中国科学院测量与地球物理研究所对拉萨站的超导重力观测资料进行了不少分析和应用研究(徐建桥等，2012；Chen et al.，2013；Sun et al.，2013；江颖等，2014；Zhang et al.，2016)。如徐建桥等(2012)发现海潮负荷对拉萨站重力变化的影响很小(小于各潮波观测振幅的

0.6%),局部大气负荷效应(最大幅度达到 11.23 μGal)是拉萨站重力潮汐观测的主要噪声来源。拉萨站局部大气负荷改正后的重力潮汐观测精度非常高,4 个主要潮波(O1、K1、M2 和 S2)的重力潮汐参数观测精度均优于0.006%。并利用分析结果获得地球自由核章动周期为(450.5 ± 8.6)恒星日,比迭积全球超导重力仪观测获得的结果略大,这可能与青藏高原活跃的构造运动和区域巨厚的地壳相关。Chen 等(2013)利用 LaCoste Romberg(LCR)弹簧重力仪首次对拉萨站超导重力仪 SG057 进行了频域的格值标定,该方法能够有效削弱仪器漂移对标定结果的影响,构制适用于青藏高原的重力合成潮,估计了 SG057 的漂移速率(6.8 μGal/a),并指出剩余重力残差(峰对峰变化幅度约为8 μGal)中的季节性变化可能来自水文变化的影响。Sun 等(2013)对拉萨站超导重力仪 2009 年 12 月 8 日至 2011 年 9 月 30 日的重力观测数据进行了分析,并成功检测到了 2011 年日本 Tohoku 大地震(M_w 9.0)激发的自由震荡信号。江颖等(2014)利用拉萨站超导重力仪观测数据记录到的自由振荡对芦山地震的震源机制解进行了约束。Zhang 等(2016)对拉萨超导重力仪台站的背景噪声水平进行了评估,指出拉萨站在地震、亚地震和潮汐频段均具有较小的噪声水平。

这些应用研究都对局部大气负荷效应进行了考虑,但均未对水文变化的影响做出考虑。通常,地球物理学/地球动力学信号都比较微弱,可能会被台站局部水文变化的重力效应所掩盖,因此研究和消除水文变化对超导重力场观测的影响,可增强超导重力仪对地球物理学/地球动力学信号的探测能力,为超导重力观测的地球物理学/地球动力学高效应用提供有利条件。

简而言之,探测和消除地下水变化对拉萨站超导重力场观测的影响,有利于提高对青藏高原地球物理学/地球动力学信号探测的信噪比。本章将根据第 3 章介绍的地下水动力学模拟方法,通过水文、气象观测资料和地下水渗透方程,模拟台站地下水的储量及其分布变化,并精确估计相应的地下水重力效应。对比模拟地下水重力效应与超导重力残差,验证模拟效果与正确性,并对影响模拟过程的各个因素进行讨论(贺前钱,2019)。

4.2 观测数据

研究使用的数据包括拉萨站超导重力仪的连续重力和气压观测资料、拉萨国际气象交换站的气象观测资料(降水、温度和湿度等因素)和拉萨地磁台监测水井的地下水位数据,本节将对这些观测数据的处理分别进行介绍。

4.2.1 超导重力观测数据

拉萨地处青藏高原南部,喜马拉雅山脉北侧,位于雅鲁藏布江支流拉萨河的中游河谷平原之上。中国科学院测量与地球物理研究所于2009年底在拉萨建立的重力永久观测站的(如图4-1的五角星位置所示)地理坐标为29.645°N,91.035°E,高程3 632.3 m,包括超导重力仪观测室、超导重力仪观测监控室和重力对比观测室(图4-2)。对比观测室建立了两个边长为1.2 m的正方形的观测墩,以便绝对和相对重力仪与超导重力仪的对比观测。超导重力仪SG057安装在超导重力仪观测室内一个边长为77 cm的等边三角形的观测墩上,观测墩高1 m,与30 cm厚的墩基采用钢筋混凝土整体浇注而成,为减少周边环境的影响,在观测墩周边设置了10 cm宽的隔离槽(徐建桥等,2012;Sun et al.,2013)。

图4-2 拉萨超导重力观测室与超导重力仪

拉萨站超导重力仪从2009年12月8日开始正常观测,通过数据采集系统自动记录重力、气压、温度等相关数据,初始采样间隔为1s,迄今为止,已经积累了十年多的观测资料。我们选取了2010年1月1日至2015年10月28日的超导重力数据,采用第2章介绍的数据处理方法进行格值标定、预处理和调和分析,获得精密扣除合成潮、气压、极移和仪器漂移影响的超导重力残差,基于该残差实现台站局部地下水变化的重力场影响研究。

图4-3显示了拉萨站超导重力仪2010年1月至2015年10月经过格值标定及预处理后的重力和气压观测值,其中采用的重力格值因子为$(-77.735\,8\pm0.013\,6)\,\mu Gal/V$(徐建桥等,2012)。图中2014年3—6月的间断是由于仪器数据采集卡出现故障,直到2014年6月18日更换之后才恢复正常。由于该间断时间较长,故将观测数据分为不连续的两个时间段进行处理。预处理过程采用的是国际地球潮汐中心推荐的重力固体潮观测资料预处理软件TSoft,根据移去-恢复原理,在残差的基础上,通过人机交互方式直观剔除并改正观测数据中的一些干扰信息(如尖峰、突跳、仪器掉格、大地震干扰等),内插一些由于偶然因素(断电、仪器故障等)引起的小间断,将原先扣除的信号加回到改正后的残差上,即可得到经过改正后的重力观测数据。然后采用低通数字滤波器将原始采样资料转换为小时采样数,供下一步调和分析使用。

利用Eterna标准分析软件对拉萨站超导重力仪2010年1月至2015年10月的观测数据进行调和分析,精密确定重力潮汐参数和大气重力导纳值。得出大气重力导纳值为$(-0.364\,460\pm0.000\,513)\,\mu Gal/hPa$,与本书2.4节利用2009年12月至2014年3月观测数据[图4-3(a)间断之前的部分]的计算结果很接近,差异约为-0.5%。重力潮汐参数的数值结果如表4-1所示,在调和分析中采用的是Hartmann和Wenzel(1995)给出的高精度引潮位展开表。分析结果显示,拉萨站超导重力潮汐观测的标准差为$0.066\,4\,\mu Gal$,按频段给出观测的平均噪声水平为:周日频段为$0.001\,760\,3\,\mu Gal$;半日频段为$0.001\,396\,4\,\mu Gal$;三分之一周日频段为$0.000\,686\,9\,\mu Gal$;四分之一周日频段为$0.000\,440\,8\,\mu Gal$。

第4章 拉萨超导站地下水重力场影响研究

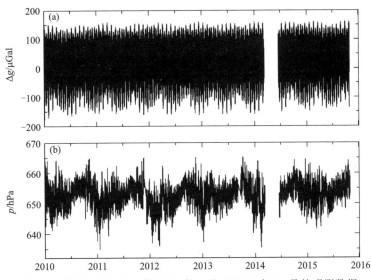

图4-3 拉萨站超导重力仪2010年1月至2015年10月的观测数据
(a)重力观测值；(b)气压观测值

表4-1 拉萨站2010年1月至2015年10月的超导重力数据调和分析结果

起止频率范围/cpd		波群	理论振幅/0.1 μGal	振幅因子及其标准差		相位滞后及其标准差/(°)	
0.721 499	0.833 113	SGQ1	1.971 2	1.164 00	0.006 08	0.309 2	0.299 2
0.851 181	0.859 691	2Q1	6.765 8	1.173 87	0.002 07	0.864 8	0.101 1
0.860 895	0.870 024	SGM1	8.159 0	1.173 53	0.001 71	0.425 4	0.083 5
0.887 326	0.896 130	Q1	51.128 2	1.174 54	0.000 29	0.218 8	0.014 0
0.897 806	0.906 316	RO1	9.704 7	1.173 91	0.001 52	0.188 1	0.074 3
0.921 940	0.930 450	O1	267.036 5	1.170 17	0.000 06	0.003 8	0.002 8
0.931 963	0.940 488	TAU1	3.480 8	1.155 25	0.003 55	0.302 4	0.176 2
0.958 085	0.966 757	NO1	20.990 7	1.164 77	0.000 65	−0.044 3	0.032 1
0.968 564	0.974 189	CHI1	4.016 6	1.161 35	0.003 92	−0.155 0	0.193 6
0.989 048	0.998 029	P1	124.231 4	1.158 23	0.000 12	−0.009 9	0.005 9
0.999 852	1.000 148	S1	2.935 9	1.536 03	0.012 49	15.952 2	0.480 0
1.001 824	1.013 690	K1	375.407 1	1.144 27	0.000 04	0.059 3	0.002 1
1.028 549	1.034 468	TET1	4.015 5	1.163 65	0.003 84	0.222 4	0.189 1
1.036 291	1.044 801	J1	20.998 2	1.165 65	0.000 74	0.062 0	0.036 4

续表 4-1

起止频率范围/cpd		波群	理论振幅/0.1 μGal	振幅因子及其标准差		相位滞后及其标准差/(°)	
1.064 840	1.071 084	SO1	3.482 4	1.174 19	0.004 43	−0.291 4	0.216 1
1.072 582	1.080 945	OO1	11.484 5	1.165 47	0.001 37	0.003 9	0.067 5
1.099 160	1.216 398	NU1	2.199 3	1.159 73	0.006 54	−0.044 1	0.323 2
1.719 380	1.837 970	EPS2	4.193 4	1.182 22	0.002 35	−0.298 6	0.113 7
1.853 919	1.862 429	2N2	14.379 5	1.179 46	0.000 80	−0.702 6	0.039 1
1.863 633	1.872 143	MU2	17.354 9	1.177 02	0.000 64	−0.475 1	0.031 2
1.888 386	1.896 749	N2	108.663 5	1.173 39	0.000 10	−0.579 9	0.005 1
1.897 953	1.906 463	NU2	20.641 4	1.171 82	0.000 54	−0.623 4	0.026 3
1.923 765	1.942 754	M2	567.533 7	1.172 06	0.000 02	−0.436 6	0.001 0
1.958 232	1.963 709	LAM2	4.185 0	1.173 28	0.002 62	−0.579 4	0.128 1
1.965 826	1.976 927	L2	16.043 0	1.170 90	0.000 57	−0.310 4	0.028 1
1.991 786	1.998 288	T2	15.429 2	1.174 66	0.000 72	−0.776 7	0.035 3
1.999 705	2.000 767	S2	264.022 8	1.166 19	0.000 05	−0.652 8	0.003 2
2.002 590	2.013 690	K2	71.732 6	1.167 04	0.000 17	−0.354 4	0.008 4
2.031 287	2.047 391	ETA2	4.012 5	1.170 24	0.003 08	−0.031 8	0.151 0
2.067 578	2.182 844	2K2	1.049 7	1.163 69	0.009 26	−0.084 5	0.456 0
2.753 243	3.081 255	M3	9.694 5	1.082 35	0.000 52	−0.049 1	0.027 7
3.791 963	3.937 898	M4	0.153 8	0.975 20	0.020 40	0.433 1	1.198 8

图 4-4 显示的是根据调和分析潮汐参数结果获得的拉萨站 2010 年 1 月至 2015 年 10 月重力合成潮,图 4-5 和图 4-6 分别显示气压重力效应和重力极潮。

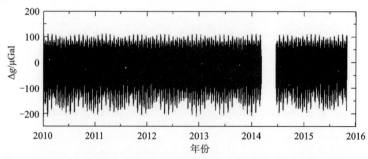

图 4-4　拉萨站 2010 年 1 月至 2015 年 10 月的重力合成潮

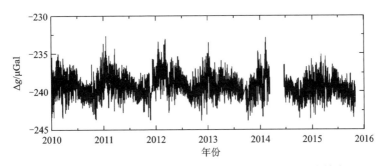

图 4-5　拉萨站 2010 年 1 月至 2015 年 10 月的气压重力效应

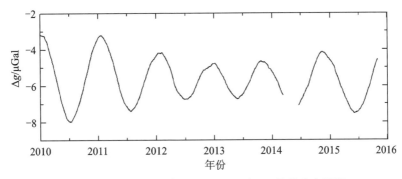

图 4-6　拉萨站 2010 年 1 月至 2015 年 10 月的重力极潮

图 4-7 显示了扣除重力合成潮、气压重力效应和重力极潮后的超导重力残差,其中图 4-7(a)中的黑色实线显示的是未经漂移改正的超导重力残差,灰色虚线显示的是线性漂移的拟合项。尽管用指数函数可能比线性函数能更好地拟合仪器的漂移项,但已有研究表明在数据的时间长度不超过 10 年时,指数和线性拟合的实际效果是一致的(Van Camp and Francis,2007)。图 4-7(b)显示了经过线性漂移改正后的超导重力残差。虽然线性拟合方法可能会去掉与地表垂直位移、冰后回弹或地壳增厚等地球物理现象相关的长期趋势,但是本书的主要目的是研究地下水变化对重力场观测的影响,其主要影响是在季节和周年频段上,故去掉线性拟合项对本研究的结果影响较小。

4.2.2　气象观测数据

拉萨属高原季风半干旱气候,年均降水量 426.4 mm,主要集中在 6—

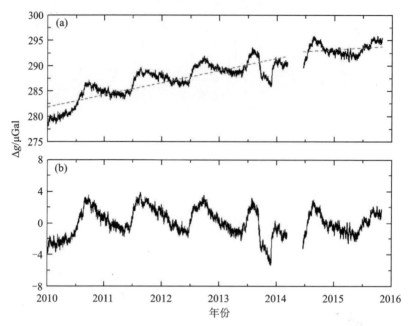

图 4-7 拉萨站 2010 年 1 月至 2015 年 10 月的超导重力残差
(a)扣除重力合成潮、气压重力效应和重力极潮后的超导重力残差(黑色实线)
和线性漂移拟合项(灰色虚线);(b)经过线性漂移改正的超导重力残差

9月,且多见于夜间。地势平坦天气温和,日均温约为 8.0 ℃。享有每年 2 990.1h 的阳光,故有"日光城"之称(据中国气象局公共气象服务中心 1971—2000 年资料统计)。

距离拉萨超导重力观测站约 9 km 的位置有一国际气象交换站,气象站的位置坐标为 29°39′N,91°08′E,高程 3656 m。尽管两者相隔一定的距离,但由于缺乏台站实际气象观测设施,目前只能用该气象站的观测数据近似表示。

数据下载自俄罗斯气象数据网站(http://rp5.ru,其数据由地面气象站通过气象数据国际自由交换系统提供)和中国气象数据网(http://data.cma.cn),观测参数包括降水量、平均温度、平均相对湿度、日照小时数和平均风速等。

原降水量观测数据的时间分辨率为 3 小时或 6 小时,其中 2013 年 1 月 11 日 20 时之前每 6 小时观测一次,之后每 3 小时观测一次,经统一插值处理为1小时观测资料。图4-8的黑色柱条和灰色实线分别表示了拉萨国际气象交换站的小时降水量和年累积降水量。小时降水量在0~10 mm之间,年累积降水量分别为2010年357.8 mm,2011年424.6 mm,2012年360.3 mm,2013年591.8 mm,2014年680.0 mm,2015年327.1 mm。

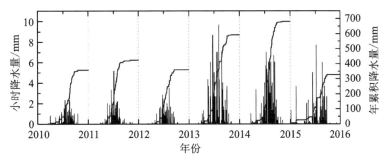

图4-8 拉萨国际气象交换站小时降水量(黑色柱条)和年累积降水量(灰色实线)

月蒸散发量由Thornthwaite(1948)的经验公式根据月平均气温 T_i 来估算,其中月平均气温来自中国气象科学数据共享服务网1971—2000年观测资料统计的《中国地面国际交换站气候资料月值数据集》(表4-2)。图4-9显示的是由Thornthwaite经验公式估算的月蒸散发量和相应的年累积蒸散发量,各月的蒸散发量数值如表4-2所示,其中蒸散发量最大的是7月份(96.3 mm),年累积蒸散发量559.1 mm。

表4-2 拉萨国际气象交换站月平均气温与蒸散发量

月份	1	2	3	4	5	6	7	8	9	10	11	12
气温/℃	−1.6	1.5	5.2	8.4	12.3	16.0	15.7	14.7	13.0	8.8	2.9	−1.2
蒸散发量/mm	0.0	6.8	27.6	46.6	74.3	95.7	96.3	85.7	68.5	44.3	13.3	0.0

日蒸散发量按照Penman(1948)的定义公式给出,日潜在蒸散发量 E_p 与4个气象参数(日平均温度、日平均相对湿度、日照小时数和日平均风速)及4个系数(湿度计系数、纬度、风速计高度和地表反射率)相关。其中4个气象参数的观测来自中国气象科学数据共享服务网的《中国地面国际交换站气候资料日值数据集》,该数据集包含了中国194个地面气象站

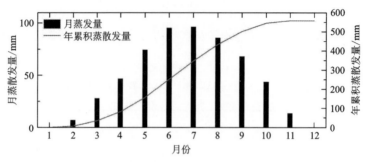

图 4-9　拉萨国际气象交换站月蒸散发量(黑色柱条)和
年累积蒸散发量(灰色实线)

1951 年以来的气象资料,包括日平均气压、平均气温和降水量等 8 个要素的观测值。4 个系数的取值设定如表 4-3 所示。虽然实际的地面反射率会随着植被、土壤颜色和含水率变化而发生变化(Kazama,2012),这里用土壤和草地的平均反射率 0.2 粗略表示地表反射率的值。

表 4-3　拉萨站气象观测系数值

系数名称	湿度计系数/(hPa/℃)	纬度/(°)	风速计高度/m	地表反射率
取值	0.662	29.65	10.0	0.2

图 4-10 的灰色柱条和黑色实线分别显示了由 Penman 公式估计的日潜在蒸散发量插值得到的小时蒸散发量和年累积蒸散发量。其中小时蒸散发量在 0.02～0.27 mm 之间,年累积蒸散发量分别为 2010 年 1 035.0 mm,2011 年 1 011.4 mm,2012 年 1 018.7 mm,2013 年 956.6 mm,2014 年 1 027.4 mm,2015 年 1 033.1 mm。

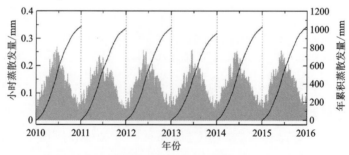

图 4-10　拉萨国际气象交换站小时蒸散发量(灰色柱条)和
年累积蒸散发量(黑色实线)

有效降水量定义为观测降水量减去潜在蒸散发量,而在拉萨站由Penman公式估算的年潜在蒸散发量比观测的年降水量大,因此有效降水量多为负值。图4-11的灰色柱条显示了拉萨国际气象交换站的小时有效降水量,黑色实线显示了年累积有效降水量。小时有效降水量在−0.27～9.50 mm之间,年累积有效降水量分别为 2010 年−677.2 mm,2011 年−586.8 mm,2012 年−658.4 mm,2013 年−364.8 mm,2014 年−347.4 mm,2015 年−706.0 mm。

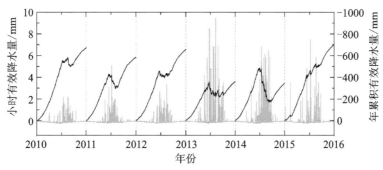

图 4-11 拉萨国际气象交换站小时有效降水量(灰色柱条)和年累积有效降水量(黑色实线)

4.2.3 地下水位观测

拉萨超导重力观测站附近的拉萨地磁台院内有一口观测水井,尽管该水井与超导重力观测站位置的距离大约为 1 km,但是考虑到台站周围地势平坦,且台站没有其他的水位观测点,我们只能用该水井的水位来近似表示台站周围的地下水位,这一情况将会在台站钻取监测水井后得到解决。

图 4-12 的黑色实线显示了观测水井的地下水位埋深变化(以地面为参考),时间范围为 2010 年 1 月至 2015 年 12 月。水位监测仪每分钟观测一次,重采样为小时数据。对图中地下水位观测进行观察发现,当降水集中发生时地下水位急剧上升,如每年的雨季(6—9 月),而当降水结束后地下水位又慢慢降低。期间最低和最高地下水位埋深分别是 2.244 m 和 0.580 m(以地面为参考),变化幅度约为 1.7 m。

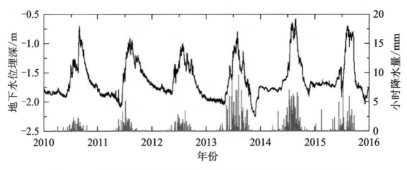

图 4-12 拉萨地磁台观测水井的地下水位埋深（黑色实线）和
拉萨国际气象交换站小时降水量（灰色柱条）

4.3 模拟方法

4.2 节对拉萨超导重力观测站的重力观测数据、气象观测资料和地下水位观测进行了详细说明，本节将对地下水分布的模拟过程进行描述，并说明相关观测数据在边界条件和初始条件设置中的作用。

根据埋藏条件，地下水层大致可以分为非饱和层（包气带）、潜水层和承压层。一般来讲，承压层的水储量变化很小，且埋藏较深，因此对重力观测的影响很小，本书将不考虑承压层水量变化对重力变化的贡献。潜水层的水储量变化可以近似地用监测水井的水位变化和土壤孔隙度来估计。包气带是地下水系统联系外界环境的重要区域，对重力观测的影响不可忽略，但许多研究（如 Harnisch and Harnisch，2006；Hwang et al.，2009）都只考虑了反映潜水层水量变化的井水位变化对重力观测的影响，而忽略了包气带的影响。本书将包气带向潜水层的渗透过程也考虑进来，旨在更精确地确定地下水流动对重力观测的影响。

拉萨站位于拉萨河河谷冲积平原上，地势平坦，河谷内沉积了大量的第四系冲、洪积物：地表土壤类型为粉土，厚度为 0~2 m；其下土壤为卵砾石、土及砂类土，平均厚度在 80 m 以上，靠近拉萨河的开阔地带厚度超过 120 m，颗粒大小从山区向拉萨河方向由粗变细。河谷两侧基岩山区及河谷第四系下伏地层主要为燕山期花岗岩（王博，2003）。

因此，本章不考虑拉萨站地形起伏的影响和地下水的水平运动，假定土壤性质均匀分布。按照式(3-25)建立非饱和层的一维地下水渗透方程,将有效降水量和地下水位观测分别作为上下边界条件,即可通过有限差分法解算渗透方程,得到土壤含水率随深度的变化。其中,地下水位的埋深是随时间不断变化的,因此,它所代表的非饱和层下边界面也是随时间变化的。

4.3.1 土壤参数取值

对于土壤含水率分布的模拟及其地下水重力效应的估计,都需要对土壤的渗透参数进行合适的设定。本章使用的土壤参数值如下:

$$\begin{cases} K_s = 8.0 \times 10^{-8} \text{m/s} \\ a = 2.0 \\ D_s = 3.2 \times 10^{-6} \text{m}^2/\text{s} \\ b = 4.0 \\ \theta_{\max} = n = 0.33 \\ \theta_{\min} = 0.18 \end{cases} \tag{4-1}$$

由于在拉萨超导重力台站除了地下水位的观测之外,没有进行任何土壤湿度的观测或其他土壤性质参数的试验测定,因此,参照张文贤等(2010)在西藏地区土壤渗透性能研究的相关结果对 3.1.6 小节列出的土壤参数值进行设定。

张文贤等(2010)研究了西藏地区代表性土壤的渗透性能,从拉萨、日喀则、林芝、山南和阿里地区收集黏土与砂壤土样本,对其基本性质和渗透性能进行了测定。指出土壤渗透性能存在着空间上的变异性,土壤含水量对土壤渗透性能有极其显著的影响;土壤容重、孔隙度及孔隙类型和土壤黏粒含量均对渗透性能有不同程度的影响。渗透系数的大小与含水量、土的结构、颗粒组成、密实程度等多种因素有关。

张文贤等(2010)的研究结果表明西藏地区土壤的渗透系数变化范围为 $7.82 \times 10^{-8} \sim 0.93 \times 10^{-5}$ m/s,取拉萨站附近土壤的饱和渗透系数 $K_s = 8.0 \times 10^{-8}$ m/s。另外,书中给出拉萨地区黏土和砂土的重量含水率换算成相应的体积含水率,取拉萨站附近土壤的最大体积含水率 $\theta_{\max}$ 为 0.33,最小体

积含水率 $\theta_{\min}$ 为 0.18。饱和扩散系数由如下的扩散系数与渗透系数的关系式给出(王博,2003):

$$D_s = K_s H \qquad (4\text{-}2)$$

其中 H 为含水层的平均厚度,取 40 m。则饱和扩散系数 $D_s = K_s H = 8.0 \times 10^{-8}$ m/s $\times$ 40 m $= 3.2 \times 10^{-6}$ m²/s 取拉萨站附近土壤的饱和扩散系数为 3.2×10^{-6} m²/s。

不饱和渗透系数 a 和扩散系数的变化率 b 一般在 2~10 之间(如 Davidson et al.,1969;Olsson and Rose,1978),分别取拉萨站附近土壤不饱和渗透系数和扩散系数的变化率为 2.0 和 4.0。

至此,我们对拉萨站附近土壤的参数取值进行了设定,下面将对地下水的分布进行模拟,并估计相应的地下水重力效应。需要注意的一点是这里的参数取值带有较大的不确定性,可能对模拟结果产生影响,因此本章最后对比讨论了不同土壤参数值对结果的影响。

4.3.2 具体计算过程

参照第 3 章的地下水模拟方法及地下水重力效应计算理论,对拉萨站地下水分布的模拟及其重力效应估计的具体计算过程进行总结。

1. 稳态解

在计算土壤含水率分布的时空变化之前,需要先对土壤含水率的稳态解进行计算,并将其作为非饱和层地下水渗透模拟的初始条件。3.1.7 小节给出了求解稳态解的稳定流渗透方程式(3-34)和边界条件式(3-35)及式(3-36),同样利用有限差分法[式(3-55)]对其进行求解。其中差分步长设定为 $\Delta z = 0.1$ m,$\Delta t = 3600$ s,土壤参数取值与式(4-1)相同。式(3-35)中的平均有效降水量为:

$$P_0 = \bar{R} - \bar{E}_0 = 426.4 - 559.1 = -132.7(\text{mm}) \qquad (4\text{-}3)$$

式中,$\bar{R}$ 为根据中国气象局公共气象服务中心拉萨国际气象交换站(距拉萨站约 9 km)1971—2000 年统计资料计算的年均降水量;$\bar{E}_0$ 为根据拉萨国际气象交换站月平均温度和 Thornthwaite 估算公式计算的年累积蒸散发量。

2. 非稳态解

将上述稳态解作为非饱和层地下水渗透模拟的初始条件,对含水率分布的时空变化进行计算。3.1.5 小节给出了求解非稳态解的非稳定流渗透方程式(3-25),3.2 节给出了解算非稳定流渗透方程的 3 种有限差分格式,从 3.4 节差分方法的对比结果来看,不同差分格式对地下水分布及其重力效应的影响很小,本章解算采用绝对收敛且计算量适中的隐式差分格式[式(3-60)]。差分步长和土壤参数的设定与上一步稳态解中完全一致,边界条件使用的是 3.1.7 小节中的式(3-29)和式(3-32)。式(3-29)中使用的有效降水量为观测降水量的小时插值与 Penman 蒸散发量的小时插值之差,式(3-32)使用地下水位的小时观测值作为非饱和层的下界面埋深条件。

3. 地下水重力效应

由非稳态解计算土壤含水率随深度分布,按照式(3-63)对地下水重力效应进行计算。在不考虑地形的影响、含水率在水平方向上保持一致的情况下,利用布格平板模型对地下水变化产生的重力效应进行估计,有:

$$g_w(t) = 0.041\ 9\Delta z \cdot \sum_{i=1}^{M} \theta_i(t) \tag{4-4}$$

式中,$g_w(t)$ 和 Δz 的单位分别为 μGal 和 mm;其他参数的意义与式(3-64)一致。实际计算当中,空间尺寸设定为 $\Delta z = 100$ mm,空间网格的层数 M 设定为 30,即计算区域为地下 0~3 m 的范围。

4.4 计算结果

4.3 节对地下水的时空分布和相应的地下水重力效应模拟过程进行了详细介绍,本节将按顺序依次给出各个过程的结果。

4.4.1 土壤含水率的初始状态

图 4-13 显示的是由稳态解得到的拉萨站土壤含水率的初始分布,其中初始地下水面(埋深约为 1.7 m)以下的土壤含水均达到饱和状态,即含

水率等于 0.33（最大含水率 $\theta_{\max}$）。之后随着深度的减小土壤含水率慢慢降低,在地表面处的土壤含水率为 0.26。可以看到,图中含水率随深度的变化在曲线上有一个向上凸的弯曲,这是由于拉萨地区的 Thornthwaite 年累积蒸散发量 E_0 大于年均降水量 $\bar{R}$,使得平均有效降水量 P_0 小于 0。

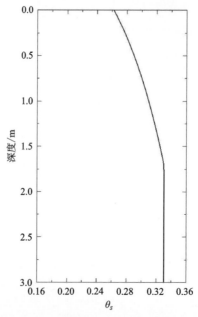

图 4-13　拉萨站土壤含水率的初始分布

4.4.2　土壤含水率的时空分布

获得土壤含水率的初始分布之后,结合边界条件[式(3-29)和式(3-32)],利用非稳定流渗透方程的隐式差分[式(3-60)],即可实现拉萨站土壤含水率的时空分布模拟计算。图 4-14 显示了模拟计算的拉萨站地下 0~3 m 的含水率分布随时间的变化,时间从 2010 年 1 月开始至 2015 年 12 月结束。从图中可以看出,土壤的含水率变化具有非常明显的周年和季节性特征;且 1.5 m 以下的含水率变化很小,特别是 2.0 m 以下的含水率基本保持饱和不变。

图 4-15 显示了拉萨站 2010—2015 年 5 个典型深度处的含水率随时间的变化。从图中可以看出,各深度处含水率曲线的变化趋势相当一致,

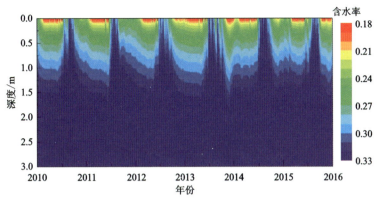

图 4-14　拉萨站土壤含水率分布随时间的变化

都是在夏季降水集中发生时迅速达到最高峰值,之后又快速降低,在冬季达到最低峰值,这也与有效降水量时间分布(图 4-8)和监测水井水位的变化(图 4-12)相吻合。对比图 4-15 和图 4-8 可以发现,当降水量增加时,各层的含水率随即显著增加,之后一段时间内,各层的含水率随着地下水的渗透和蒸散发作用,先后快速下降。但是需要注意的是,各处含水率的变化并不是同步进行的,相对浅层而言,深层的含水率变化具有两个明显的特点:一是变化的幅度范围更小,如深度 50～60 cm 之间土壤含水率变化范围约为深度 10～20 cm 之间土壤含水率变化范围的 1/2;二是存在一定的时间延迟,这很可能是跟地下水的渗透过程有关。

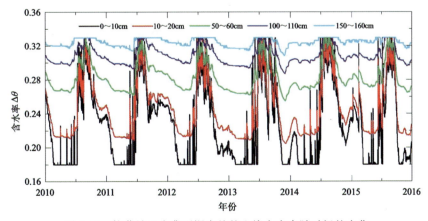

图 4-15　拉萨站 5 个典型深度处的土壤含水率随时间的变化

4.4.3 地下水重力效应

根据模拟计算的土壤含水率时空分布,按照式(4-4)对拉萨站的地下水重力效应进行计算,图 4-16 显示了拉萨站模拟计算的地下水重力效应和超导重力残差,蓝色曲线显示的是模拟计算的 2010 年 1 月至 2015 年 12 月的地下水重力效应,黑色曲线显示的是 2010 年 1 月至 2015 年 10 月经过各项改正之后的超导重力残差(具体改正过程参见 4.2.1 小节)。从结果来看,该时间段内拉萨站地下水变化最大能引起幅度为 4.88 μGal 的重力变化。地下水重力效应随着降水及地下水位的起伏而迅速变化,当降水量增加,地下水位上升时,地下水重力效应增大,反之亦然。两者的变化趋势相当一致,均在降水集中的夏季达到最高峰值,随后慢慢减小,直到下一个雨季的到来。模拟计算可以很好地重现出观测重力残差的季节和年际变化,相关性分析表明模拟计算的地下水重力效应和超导重力残差相关系数为 0.642,而两者之间差异的标准差为 1.29 μGal。

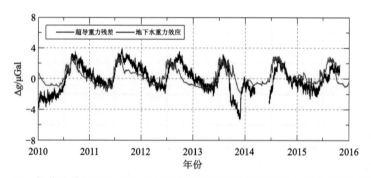

图 4-16 拉萨站模拟的地下水重力效应(蓝色曲线)与超导重力残差(黑色曲线)

对模拟的拉萨站地下水重力效应与超导重力残差进行频域分析,得到如图4-17所示的振幅谱及相位谱。从振幅谱来看,地下水变化对重力的影响大约主要在周年和半年频段上,在这两个频段内,地下水重力效应与超导重力残差的振幅吻合得很好;而在周期更长的频段上,超导重力残差的振幅要明显大于模拟的地下水重力效应。

上述结果综合表明,拉萨站的模拟地下水重力效应无论在时间域还是在频率域都与超导重力残差有着很好的一致性,说明地下水的变化是超导重力残差中最主要的信号来源,另一方面也证明了本书地下水动力

第 4 章 拉萨超导站地下水重力场影响研究

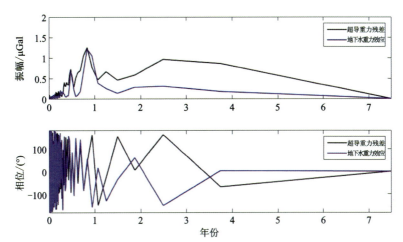

图 4-17 拉萨站模拟的地下水重力效应(蓝)和超导重力残差(黑)的振幅谱及相位谱

学模拟方法的适应性和正确性。

当然,拉萨站模拟计算的地下水重力效应与超导重力残差之间依然存在着一些差异。如图 4-16 所示的时间序列的对比中,2010 年初和 2013 年末,两者存在着明显的差异,2010 年初的差异极有可能跟初始条件的影响和仪器的非线性漂移有关;2013 年末的差异可能来自其他地球物理学/动力学信号的影响。而在图 4-17 频率域的对比中,在周年以上的频段,超导重力残差的振幅要明显大于模拟的地下水重力效应。从相位谱来看,在周年及更长周期频段上,地下水重力效应与超导重力残差的相位相差极大,几乎相反。

能够引起两者差异出现的可能原因包括:①模型简化的影响。书中采用的模型只考虑了垂直方向上的一维地下水渗透,忽略了地下水在横向上的流动,且没有考虑土壤的不均匀性,而是假设计算区域内具有单一的土壤性质,这显然与实际的情况不太符合。②监测水井与超导重力台站的距离较远,而地下水的分布和流动在空间上有很强的依赖性,仅凭该水井的观测资料难以反映出台站附近区域地下水的详细分布。③拉萨河的影响。拉萨超导重力台站和地磁台监测水井,尤其是地磁台监测水井距离拉萨河较近,因此该区域可能与拉萨河的水流系统发生补给交换,对本章地下水的模拟及相应地下水重力效应的计算产生影响。

4.5 讨 论

4.3 节、4.4 节对拉萨站地下水的分布及其重力效应进行了模拟,并与超导重力残差进行了对比,发现两者之间具有良好的一致性。本节首先尝试利用全球水文模型来估计拉萨站的地下水重力效应,并与本研究使用的地下水动力学模拟方法的结果进行比较。然后对采用不同地下水分布初始条件下模拟计算的地下水重力效应进行比较。最后研究土壤参数的变化能够对地下水的分布及其重力效应的模拟产生多大的影响。

4.5.1 全球水文模型计算结果

EOST 负荷服务网站对全球多个 GGP 台站的非局部、局部和总的水文重力效应进行了计算,采用的全球水文模型数据包括 GLDAS/noah (Rodell et al.,2004)、欧洲中期天气预报中心 ECMWF(the European Centre for Medium-Range Weather Forecasts)的数值模型和再分析模型 ERA-Interim(Berrisford et al.,2011),以及全球模拟融合办公室 GMAO (the Global Model and Assimilation Office)的 MERRA-land(Reichle et al.,2011)。GLDAS/noah 模型的时间和空间分辨率分别为 3 h 和 0.25°,ERA-Interim 模型的时间和空间分辨率分别为 6 h 和 0.7°,ECMWF 数值模型的时间和空间分辨率分别为 6 h 和 0.15°,MERRA-land 模型的时间分辨率为 1 h,纬度和经度方向上的空间分辨率分别为 0.5°和 2/3°。为了方便对比,统一插值为 1 h 数据。

利用简单的平板近似原理,EOST 负荷服务网站给出了利用不同全球水文模型计算的拉萨站局部水文重力效应结果(图 4-18)。与超导重力残差进行比较可以发现,各个水文模型都能一定程度上反映拉萨站的局部地下水分布,其中 ERA-Interim 和 MERRA-land 模型的计算结果相近,与超导重力残差在变化趋势上具有很好的一致性,而变化幅度明显偏大,说明该两种模型可能存在高估拉萨站的地下水变化的现象。ECMWF 数值模型和 GLDAS/noah 模型的计算结果与前两种模型的结果差异较大,其中 ECMWF 数值模型的计算结果存在一个明显的长期下降趋势,而在拉萨站的降水资料和地下水位观测中均没有此现象，说明该模型错误估计了拉萨站地下水变化的长期趋势；GLDAS/noah模型的计算结果明显偏小，说明该模型可能低估了拉萨站的地下水变化。

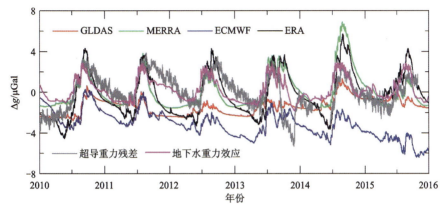

图4-18　全球水文模型计算的拉萨站局部水文重力效应结果对比

红色、绿色、蓝色和黑色分别表示利用GLDAS/noah、MERRA-land、ECMWF数值模型和ECMWF再分析模型ERA-Interim水文模型数据计算的拉萨站局部水文重力效应，粉红色表示本书地下水模拟方法的计算结果，灰色表示超导重力残差

表4-4给出了几种模型计算结果与超导重力残差之间差异的标准差，可以看出，本书地下水动力学模拟方法计算的拉萨站局部水文重力效应与超导重力残差的差异有着更低的标准差，说明本书地下水动力学模拟相比这几种全球水文模型，能够更好地估计拉萨站的局部地下水变化及其水文重力效应。

表4-4　拉萨站局部地下水重力效应与超导重力残差之间差异的标准差

模型	本书	GLDAS	MERRA-land	ECMWF	ERA-Interim
标准差/μGal	1.29	1.61	1.82	1.67	1.64

4.5.2　初始条件的影响

由于本章模拟计算拉萨站地下水的分布及其重力效应的过程中，初始条件的设定没有可用的土壤初始含水率实测分布，而是采用了稳态解近似作为非饱和层地下水渗透模拟的初始条件，可能对模拟结果产生影响。因此为了粗略估计初始条件对地下水分布及其重力效应的影响,本小节采用了 GLDAS/noah 模型给出的 2010 年 1 月 1 日拉萨站的土壤含水率分布作为初始条件,对拉萨站的地下水分布及其重力效应进行了模拟,并与稳态解初始条件的结果进行对比。

图 4-19 显示了不同初始条件计算的拉萨站地下水重力效应结果对比,从图上可以看出,计算开始时刻两者的差异最大,随后的几个月时间里差异迅速减小直至为零,以后的更长时间内两者均保持完全一致。据此我们可以得出两点结论:①初始条件的差异能够引起较大的初始重力效应差异(如图 4-19 中约 4 μGal),能够被具有超高灵敏度的超导重力仪轻松探测到,这说明超导重力观测能够应用于水文模拟的初始条件约束中。②随时间的推移,初始条件引起的差异很快消失,因此在没有实际的局部水文初始条件观测时,可以通过增加研究的时间长度来消除或削弱地下水重力效应研究中初始条件带来的影响。

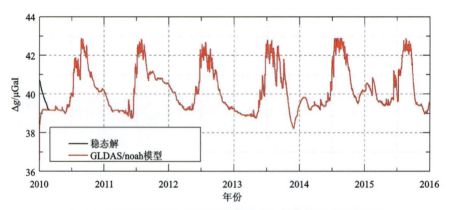

图 4-19　不同初始条件计算的拉萨站地下水重力效应结果对比
黑色:稳态解初始条件计算结果;红色:GLDAS/noah 模型初始条件计算结果。

4.5.3　土壤参数的影响

土壤参数对于地下水分布及其重力效应的准确模拟极为重要,而本书采用拉萨站的土壤参数取值的设定没有经过实际的测定,均是根据相关研究给出的取值范围选取的参考值。因此,本小节分别对渗透模型的几个土壤参数(K_s、D_s、a、b)的取值进行变化,以研究土壤参数对地下水重力效应模拟的影响。

保持式(4-1)的其他土壤参数取值不变,仅对饱和渗透系数 K_S 分别取值为 $4.000×10^{-8}$ m/s、$6.000×10^{-8}$ m/s、$8.000×10^{-8}$ m/s、$10.000×10^{-8}$ m/s、$12.000×10^{-8}$ m/s,其中 $8.000×10^{-8}$ m/s 是初始取值,变化范围为±50%。得到的初始地下水分布如图 4-20(a)所示,重力效应如图 4-20(b)所示。

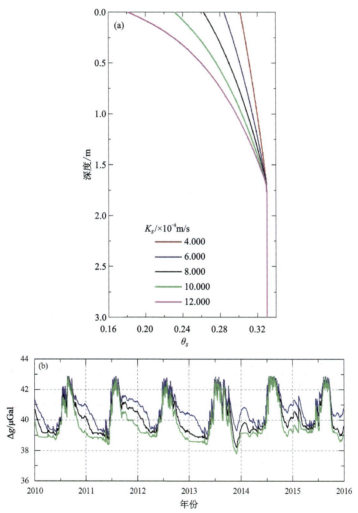

图 4-20 饱和渗透系数 K_S 对初始含水率分布和地下水重力效应模拟的影响

(a)初始含水率分布;(b)地下水重力效应。红色、蓝色、黑色、绿色和粉红色分别表示 K_S 取值为 $4.000×10^{-8}$ m/s、$6.000×10^{-8}$ m/s、$8.000×10^{-8}$ m/s、$10.000×10^{-8}$ m/s、$12.000×10^{-8}$ m/s 的结果。

保持式(4-1)的其他土壤参数取值不变,仅对饱和扩散系数 D_S 分别取值为 1.600×10^{-6} m/s²、2.400×10^{-6} m/s²、3.200×10^{-6} m/s²、4.000×10^{-6} m/s²、4.800×10^{-6} m/s²,其中 3.200×10^{-6} m/s² 是初始取值,得到的初始地下水分布如图 4-21(a)所示,重力效应如图 4-21(b)所示。

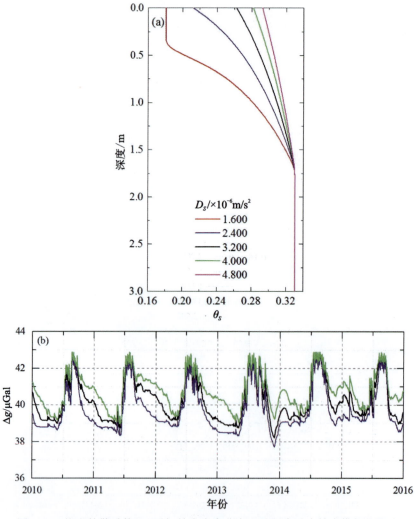

图 4-21 饱和扩散系数 D_S 对初始含水率分布和地下水重力效应模拟的影响
(a)初始含水率分布;(b)地下水重力效应。红色、蓝色、黑色、绿色和粉红色分别表示 D_S 取值为 1.600×10^{-6} m/s²、2.400×10^{-6} m/s²、3.200×10^{-6} m/s²、4.000×10^{-6} m/s²、4.800×10^{-6} m/s² 的结果。

保持式(4-1)的其他土壤参数取值不变,仅对渗透系数变化率 a 分别取值为1.000、1.500、2.000、2.500、3.000,其中2.000是初始取值,得到的初始地下水分布如图 4-22(a)所示,重力效应如图 4-22(b)所示。

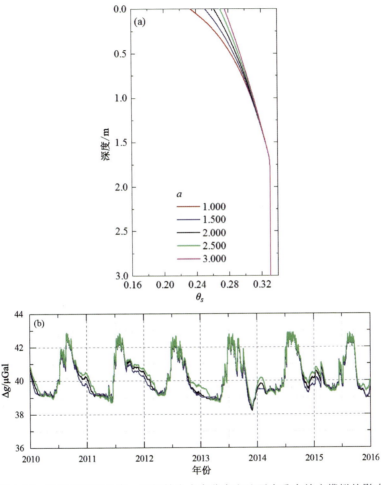

图 4-22 渗透系数变化率 a 对初始含水率分布和地下水重力效应模拟的影响
(a)初始含水率分布;(b)地下水重力效应。红色、蓝色、黑色、
绿色和粉红色分别表示 a 取值为 1.000、1.500、2.000、2.500、3.000 的结果。

保持式(4-1)的其他土壤参数取值不变,仅对扩散系数变化率 b 分别取值为2.000、3.000、4.000、5.000、6.000,其中 4.000 是初始取值,得到的初始地下水分布如图 4-23(a)所示,重力效应如图 4-23(b)所示。

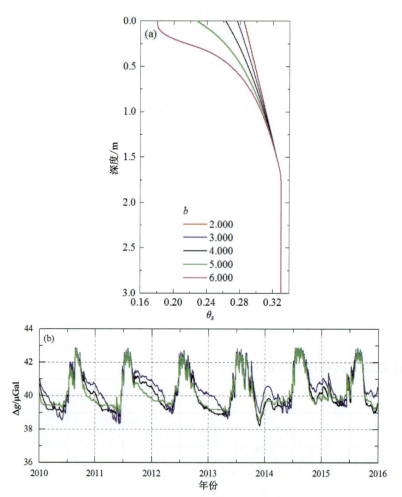

图 4-23 扩散系数变化率 b 对初始含水率分布和地下水重力效应模拟的影响

(a)初始含水率分布;(b)地下水重力效应。红色、蓝色、黑色、

绿色和粉红色分别表示 b 取值为 2.000、3.000、4.000、5.000、6.000 的结果。

对比图 4-20 至图 4-23 的(a)初始含水率分布部分,可以发现,随着深度的减小(即与初始地下水面距离的增加),土壤初始含水率均慢慢减小,而改变各个土壤参数的取值则会对该减小速度产生影响。其中,K_S 和 b 的增大会导致土壤初始含水率随深度变化的速度增加,而 D_S 和 a 的增大会导致土壤初始含水率随深度变化的速度减小。

对比图 4-20 至图 4-23 的(b)地下水重力效应部分，可以发现，改变各个土壤参数的取值均对地下水重力效应的模拟产生影响。其中，K_S 和 D_S 的变化能引起较大的地下水重力效应变化，a 和 b 的变化引起的地下水重力效应变化则较小，说明拉萨站地下水重力效应的模拟对土壤参数 K_S 和 D_S 的变化要比 a 和 b 的变化更加敏感。总的来说，准确的土壤参数（包括但不限于 K_S、D_S、a 和 b），尤其是 K_S 和 D_S 的取值，对拉萨站地下水分布及其重力效应的模拟非常重要。因此，想要改善拉萨站地下水分布及其重力效应的模拟精度，需要设法获得更加准确的土壤参数值。

4.6 本章小结

本章利用水文和气象观测资料，采用第 3 章介绍的一维地下水动力学模拟及相应地下水重力效应的计算方法，对拉萨站 2010—2015 年的土壤含水率分布及地下水重力效应进行了计算。模拟结果显示拉萨站地下水变化最大能引起幅度约 5 μGal 的重力变化，与超导重力残差对比发现，模拟计算的地下水重力效应可以很好地重现观测重力残差的季节和年际变化，两者无论在时间域还是在频率域都有着很好的一致性，一方面说明地下水的变化是超导重力残差中最主要的信号来源，另一方面也证明了本书采用的地下水动力学模拟方法的适应性和正确性。此外，利用不同的全球水文模型对拉萨站的地下水重力效应进行了计算，并与超导重力残差进行了对比。ERA-Interim 和 MERRA-land 模型的计算结果变化幅度明显偏大，说明该两种模型可能存在高估拉萨站地下水变化的现象。ECMWF 数值模型的计算结果存在不合理的明显长期下降趋势，说明该模型错误估计了拉萨站地下水的长期变化；GLDAS/noah 模型的计算结果明显偏小，说明该模型可能低估了拉萨站的地下水变化。而本书采用的地下水动力学模拟方法计算的拉萨站局部水文重力效应与超导重力残差的差异有着更低的标准差，相比这几种全球水文模型，说明本书采用的地下水动力学模拟能够更好地估计拉萨站的局部地下水变化及其水文重力效应。

最后讨论了初始条件和土壤参数对地下水分布及重力效应的影响。虽然初始条件的差异能够引起较大的初始重力效应差异,但随着时间的推移,初始条件差异引起的地下水重力效应差异很快消失。而准确的土壤参数(包括但不限于 K_S、D_S、a 和 b),尤其是 K_S 和 D_S 的取值,对拉萨站地下水分布及其重力效应的模拟非常重要。因此,想要改善拉萨站地下水分布及其重力效应的模拟精度,需要设法获得更加准确的土壤参数值。

第5章 武汉九峰站地下水重力影响研究

5.1 引 言

1997年11月,经厂家更新换代后的SG C032成功安装在位于武汉市郊九峰的大地测量与地球动力学国家野外科学观测研究站(简称九峰站),由中国科学院测量与地球物理研究所负责运行和维护工作,高质量的连续重力观测资料为研究该区域重力潮汐和非潮汐变化特征以及地球动力学问题奠定了良好的基础(许厚泽等,2000;孙和平等,2005;徐建桥等,2014)。同时,九峰站是中国大陆唯一的国际重力潮汐基准站,是正在实施的国家重大科技基础设施建设项目"中国大陆构造环境监测网络(简称陆态网,Crustal Movement Observation Network Of China,CMONOC)"的基准站之一,是不同类型重力仪对比观测以及检验中国大陆固体潮和海潮模型的重要实验和研究基地。

近年来,中国科学院测量与地球物理研究所许多学者利用武汉九峰站的超导重力资料进行了一系列的重力潮汐和非潮汐变化以及地球动力学应用研究,包括重力固体潮潮汐参数的精密确定、大气和海潮负荷效应研究、地球自由核章动和地球自由振荡等全球动力学方面的研究与检测等(孙和平等,2002)。

而对于台站局部地区地下水的变化引起的重力效应则少有研究,只有少数学者在相关研究中指出考虑局部地下水变化的必要。如张为民和王勇(2007)曾利用绝对重力仪研究了武汉九峰站的测点环境噪声干扰水平和重力变化速率,指出地下水变化等因素对该站的重力观测影响不容忽视。徐建桥等(2008)利用超导重力仪长期连续观测资料,结合FG5和GPS同址观测结果,研究了武汉九峰站重力的长期非潮汐变化特征及其与局部气压和水储量变化及地壳垂直运动之间的关系。结果表明，超导重力仪观测的重力长期变化存在非常显著的季节性变化，总能量的大约 70% 来自局部大气和水储量变化，其中周年变化超过 95% 的能量都来自这两种环境因素的影响。同时也指出由于缺乏台站局部地区的地下水详细分布，利用全球陆地水同化模型 LaD 和 GLDAS 不能客观地描述台站局部水储量的实时变化，因此利用全球陆地水循环计算的重力变化与超导重力仪实际观测的重力变化之间存在着较大的差异和大约 55 天的时间延迟。周红伟等(2009)利用武汉九峰站超导重力仪与 GPS 的同址观测，研究了重力变化和垂直位移与大气、陆地水和非潮汐海洋变化等环境因素之间的关系。结果也表明采用的全球陆地水同化模型 LaD 及 GLDAS 均不能客观地反映台站局部水储量的实时变化，由此计算的理论模拟结果与实际观测结果之间存在明显的时间延迟。

本章的主要目的是采用本书第 3 章介绍的地下水分布及其重力效应模拟方法，定量研究武汉九峰站局部地区地下水变化对超导重力观测的影响。根据武汉国际气象交换站的气象资料与九峰站地下水位观测记录，利用地下水动力学法从物理机制出发模拟地下水的渗透，得出台站附近区域土壤含水率的时空分布，进而获得地下水变化对重力观测的影响。利用高精度的超导重力仪观测残差与模拟的地下水重力效应对比，可以检验模拟计算的实际效果；也可以对超导重力残差进行地下水重力效应的改正，去掉与降水和季节性水循环有关的周期信号，提高我们检测与地壳运动等有关的长期重力变化的能力(贺前钱等，2016)。

5.2 观测数据

研究使用的数据包括武汉九峰站超导重力仪的连续重力和气压观测资料、台站监测水井的地下水位数据和武汉国际气象交换站的气象观测资料(降水、温度和湿度等元素)，本节将对这些观测数据的处理分别进行介绍。

5.2.1 超导重力观测数据

九峰站位于武汉市洪山区石门峰北面的山脊上,台站的位置坐标为 30.516°N,114.490°E,高程 80.0 m,山体相对高度差 35m 左右。上覆地层为中更新世残积、冲洪积物,下伏基岩由南向北分别为二叠系栖霞组(P_1q)灰岩、二叠系孤峰组(P_2g)硅质岩、三叠系(T)灰岩,地质构造较为稳定。该站始建于 20 世纪 80 年代末,在重力观测室建造时,为了减小环境温度变化对仪器的影响,将山体靠北一面挖开,采用整体框架结构,然后采用回填的方式建造,以减少外界温度变化的影响,保证观测资料的可靠性和高精度要求(张为民和王勇,2007;徐建桥等,2008)。

台站周围的环境如图 5-1 所示,附近的土地类型以林地、耕地和建筑用地为主,耕地类型主要是水田,主要分布在靠北部的位置。图中红色的五角星表示超导重力仪的位置;红色的大圆表示以超导重力仪为中心,半径为 150 m 的区域范围;红色的小圆表示地下水位观测水井的位置。

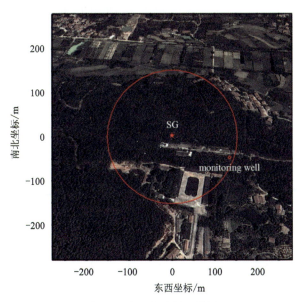

图 5-1 武汉九峰站地貌图

超导重力观测室(红色五角星)和水位监测水井(红色小圆)。

红色大圆表示以超导重力仪为中心 150 m 的区域范围。影像来自谷歌地球。

武汉九峰站 SG C032 从 1997 年 11 月开始,连续观测至 2012 年 7 月,考虑到与地下水位数据之间的时间一致性,本研究选取了 2008 年 5 月至 2012 年 7 月的超导重力仪观测记录,包括重力和气压数据。重力观测以 1 秒的采样间隔进行数据采集,观测精度达到 0.01 μGal,仪器的漂移量为 2.28 μGal/a(陈晓东,2003)。

采用第 2 章介绍的数据处理方法对武汉九峰站的超导重力观测进行处理,在经过格值标定、修正尖峰间隔跳跃、重采样、扣除潮汐信号、气压改正、极移改正和去漂移项的处理过程之后,剩余的重力残差中主要包含的就是地下水重力效应。

图 5-2 显示了武汉九峰站超导重力仪 2008 年 5 月至 2012 年 7 月经过格值标定后的观测值,其中(a)和(b)分别为格值标定后的重力和气压观测值,(c)为预处理之后的重力观测值。2012 年 5 月出现了一处 46.79 μGal 的跳跃,可能是由仪器掉格所致,采用 TSoft 的跳跃修正器加以修正。然后采用低通数字滤波器将原始采样资料转换为每小时采样,以供调和分析使用。

利用 Eterna 标准分析软件对武汉九峰站超导重力仪 2008 年 5 月至 2012 年 7 月的观测数据进行调和分析,精密确定重力潮汐参数和大气重力导纳值。得出大气重力导纳值为($-0.316\ 402\pm0.002\ 827$) μGal/hPa,与徐建桥等(2014)的结果非常相近。重力潮汐参数的数值结果如表 5-1 所示,在调和分析中采用的是 Hartmann 和 Wenzel(1995)给出的高精度引潮位展开表。分析结果显示,武汉九峰站超导重力潮汐观测的标准差为 0.251 9 μGal,按频段给出观测的平均噪声水平:周日频段为 0.005 684 7 μGal;半周日频段为 0.006 408 4 μGal;三分之一周日频段为 0.001 072 8 μGal;四分之一周日频段为 0.000 717 0 μGal。

第 5 章 武汉九峰站地下水重力影响研究

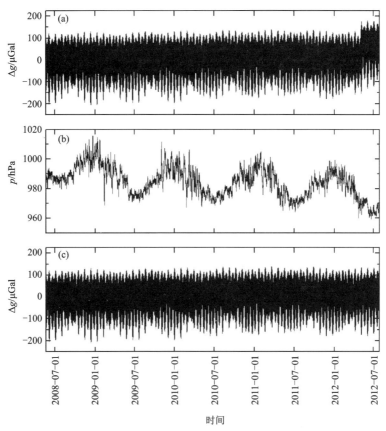

图 5-2 武汉九峰站超导重力观测

(a)原始重力观测值;(b)气压观测值;(c)改正后的重力观测值

表 5-1 武汉九峰站超导重力数据调和分析结果

起止频率范围/cpd		波群	理论振幅/$0.1\mu Gal$	振幅因子及其标准差		相位滞后及其标准差/(°)	
0.721 499	0.833 113	SGQ1	2.004 9	1.186 98	0.017 18	−0.115 0	0.829 1
0.851 181	0.859 691	2Q1	6.881 4	1.188 19	0.005 66	−0.191 4	0.272 9
0.860 895	0.870 024	SGM1	8.298 3	1.186 72	0.004 73	0.120 1	0.228 4
0.887 326	0.896 130	Q1	52.001 3	1.187 05	0.000 79	−0.272 6	0.038 0
0.897 806	0.906 316	RO1	9.870 4	1.186 78	0.004 23	−0.507 9	0.204 2
0.921 940	0.930 450	O1	271.597 0	1.181 91	0.000 16	−0.508 2	0.007 7

续表 5-1

起止频率范围 /cpd		波群	理论振幅/ 0.1 μGal	振幅因子及其标准差		相位滞后及其标准差/ (°)	
0.931 963	0.940 488	TAU1	3.540 2	1.165 57	0.012 77	0.787 6	0.627 5
0.958 085	0.966 757	NO1	21.349 2	1.175 59	0.001 77	−0.579 2	0.086 3
0.968 564	0.974 189	CHI1	4.085 2	1.162 97	0.010 84	−0.826 2	0.534 2
0.989 048	0.998 029	P1	126.353 0	1.169 44	0.000 38	−0.541 9	0.018 6
0.999 852	1.000 148	S1	2.986 2	1.311 71	0.026 91	13.918 0	1.224 2
1.001 824	1.013 690	K1	381.817 5	1.155 88	0.000 12	−0.594 1	0.006 0
1.028 549	1.034 468	TET1	4.084 0	1.168 07	0.010 67	−0.357 8	0.523 6
1.036 291	1.044 801	J1	21.356 8	1.173 84	0.002 05	−0.812 9	0.099 9
1.064 840	1.071 084	SO1	3.541 9	1.172 10	0.011 93	−1.954 0	0.583 0
1.072 582	1.080 945	OO1	11.680 5	1.165 74	0.002 99	−0.866 1	0.147 0
1.099 160	1.216 398	NU1	2.236 9	1.159 69	0.014 47	−0.312 5	0.715 0
1.719 380	1.837 970	EPS2	4.118 1	1.186 13	0.010 70	0.619 2	0.517 1
1.853 919	1.862 429	2N2	14.121 3	1.185 11	0.003 46	−0.154 2	0.167 3
1.863 633	1.872 143	MU2	17.043 2	1.183 82	0.002 97	−0.024 3	0.143 9
1.888 386	1.896 749	N2	106.712 1	1.182 46	0.000 47	−0.471 5	0.022 9
1.897 953	1.906 463	NU2	20.270 7	1.180 49	0.002 52	−0.595 4	0.122 3
1.923 765	1.942 754	M2	557.341 9	1.178 42	0.000 09	−0.491 2	0.004 5
1.958 232	1.963 709	LAM2	4.109 8	1.167 90	0.012 42	−0.951 5	0.609 4
1.965 826	1.976 927	L2	15.754 9	1.179 20	0.003 80	−0.585 2	0.184 6
1.991 786	1.998 288	T2	15.152 7	1.177 07	0.003 29	−1.427 4	0.162 6
1.999 705	2.000 767	S2	259.281 4	1.172 74	0.000 22	−0.627 0	0.014 0
2.002 590	2.013 690	K2	70.445 6	1.173 49	0.000 66	−0.417 4	0.032 0
2.031 287	2.047 391	ETA2	3.940 6	1.181 35	0.010 18	−0.363 4	0.493 5

续表 5-1

起止频率范围/cpd		波群	理论振幅/0.1 μGal	振幅因子及其标准差		相位滞后及其标准差/(°)	
2.067 578	2.182 844	2K2	1.030 9	1.162 77	0.029 35	0.017 1	1.446 3
2.753 243	3.081 255	M3	9.432 2	1.083 07	0.000 88	−0.144 4	0.046 5
3.791 963	3.937 898	M4	0.148 2	0.816 38	0.035 62	0.615 5	2.499 7

图 5-3 显示的是根据调和分析的潮汐参数结果获得的武汉九峰站重力合成潮。图 5-4 和图 5-5 分别显示的是气压重力效应和重力极潮。极移改正用到的极坐标来自国际地球自转服务（International Earth Rotation Service，IERS）网站（http://www.iers.org）。

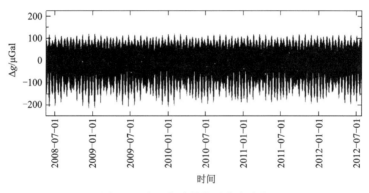

图 5-3 武汉九峰站的重力合成潮

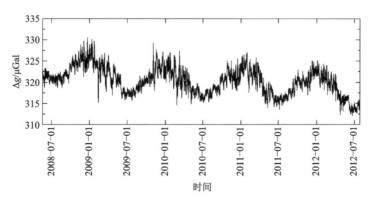

图 5-4 武汉九峰站的气压重力效应

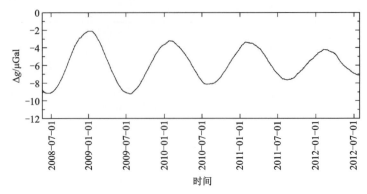

图 5-5　武汉九峰站的重力极潮

图 5-6 显示了扣除重力合成潮、气压重力效应和重力极潮后的超导重力残差,其中图 5-6(a)中的黑色实线显示的是未经漂移改正的超导重力残差,灰色虚线显示的是线性漂移的拟合项。图 5-6(b)显示了经过线性漂移改正的超导重力残差。仪器漂移的去除采取了线性拟合的方法,因为安装一段时间(几个月)之后仪器的漂移基本上会变成时间的线性函数(Van Camp and Francis,2007)。去掉漂移项之后,得到的最终残差曲线如图 5-6(b)所示,为方便起见,未作特殊说明的情况下,本章后文出现的超导重力残差均指图 5-6(b)所示的残差。

5.2.2　气象观测数据

武汉九峰站所在的武汉市属亚热带季风性湿润气候,总体气候环境良好。雨量充沛,近 30 年来,年均降水量 1 269.0 mm,且多集中在 6—8 月。日照充足,年均气温 16.7 ℃(据中国气象局公共气象服务中心 1971—2000 年资料统计)。

采用武汉国际气象交换站的观测资料近似表示武汉九峰站的实际气象观测,气象站的位置坐标为 30°37′ N,114°08′ E,高程 23.1 m,距离武汉九峰超导重力观测站约 30 多千米。

武汉国际气象交换站的日平均观测数据来自中国气象科学数据共享服务网(http://data.cma.cn)的《中国地面国际交换站气候资料日值数据集》,该数据集包含了中国 194 个地面气象站 1951 年以来的气象资料,包括日平

第 5 章　武汉九峰站地下水重力影响研究

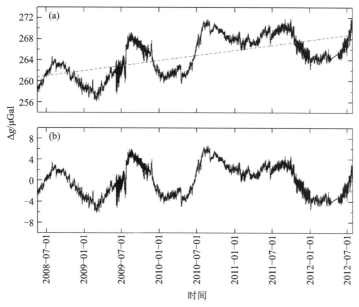

图 5-6　武汉九峰站超导重力残差

(a)扣除重力合成潮、气压重力效应和重力极潮后的超导重力残差(黑色实线)和
线性漂移拟合项(灰色虚线);(b)经过线性漂移改正的超导重力残差

均气压、平均气温、蒸发和降水量等 8 个要素的观测值。

图 5-7 的灰色柱条和黑色实线分别表示了武汉国际气象交换站的日降水量和年累积降水量。日降水量在 0～200 mm 之间,年累积降水量分别为 2009 年 1 158.0 mm,2010 年 1 337.9 mm,2011 年 987.2 mm,2012 年 1 338.3 mm。

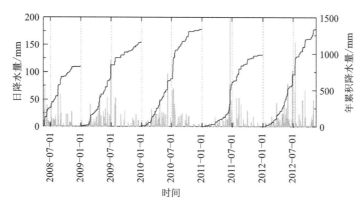

图 5-7　武汉国际气象交换站日降水量(灰色柱条)和年累积降水量(黑色实线)

Thornthwaite 月蒸散发量估计用到的月平均气温来自中国气象科学数据共享服务网 1971—2000 年观测资料统计的《中国地面国际交换站气候资料月值数据集》(表 5-2)。图 5-8 显示的是 Thornthwaite 月蒸散发量和相应的年累积蒸散发量,各月的蒸散发量数值如表 5-2 所示,其中蒸散发量最大的是 7 月份 189.2 mm,年累积蒸散发量 9 32.8 mm。

表 5-2　国际气象交换站月平均气温与蒸散发量

月份	1	2	3	4	5	6	7	8	9	10	11	12
气温/℃	3.4	5.8	10.4	16.8	21.9	25.9	28.9	28.3	23.6	17.8	11.5	5.7
蒸散发量/mm	2.8	7.3	25.1	63.2	112.1	151.0	189.2	173.0	112.2	63.7	26.1	7.1

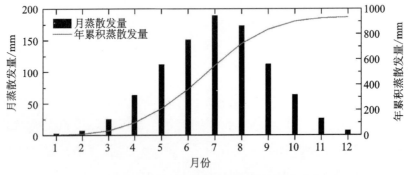

图 5-8　武汉国际气象交换站月蒸散发量(黑色柱条)和
年累积蒸散发量(灰色实线)

有效降水量定义为观测降水量减去蒸散发量,这里采用观测蒸散发量,年蒸散发量小于年降水量,因此年有效降水量多为正值。图 5-9 的灰色柱条显示了武汉国际气象交换站的小时有效降水量,黑色实线显示了年累积有效降水量。小时有效降水量在 -0.27~9.50 mm 之间,年累积有效降水量分别为 2009 年 230.0 mm,2010 年 466.0 mm,2011 年 -23.9 mm,2012 年 463.5 mm。

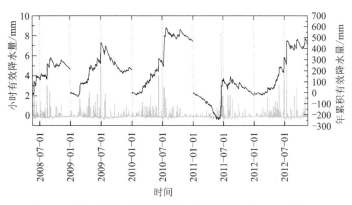

图 5-9　武汉国际气象交换站小时有效降水量(灰色柱条)和
年累积有效降水量(黑色实线)

5.2.3　地下水位观测

为了研究地下水变化对九峰站重力变化观测的影响,我们在台站附近钻取了一口水井,井内安装一台地下水位监测仪,用以记录地下水位的变化。水井距超导重力仪大约 135 m,由于研究区域的水文环境相对简单,因此水井的水位可以近似看作台站局部区域的地下水位。图 5-10 的黑色曲线表示水井的水位观测记录,起始面选在地面以下 10 m 的位置。观测从 2008 年 5 月开始至 2012 年 11 月结束,原始采样间隔为 10 分钟,重采样间隔为 1 小时。由图可以清楚看到,4 年多的数据足以反映出地下水位的季节性和年际变化特征。

地下水位均在冬季达到最低值(2011 年除外),在夏季达到最高值,这与降水量时间分布相吻合。冬季过后,随着降水量的增加,地下水位逐渐上升,直到夏季到达最高水位;随后随着降水的减少和蒸散发量的增加,地下水位逐渐下降至最低值,直到下一个周期的到来。而 2011 年的最低水位出现在夏季,这主要是因为 2011 年武汉遭遇冬春连旱,1—5 月降水总量与历年同期比较偏少 6 成,一度达到严重干旱标准,6 月发生强降水,单月平均降水量与历年同期比较偏多 8 成,形成旱涝急转态势《2011 年武汉市水资源公报》,这些在图 5-9 的累积有效降水量中也有所体现。

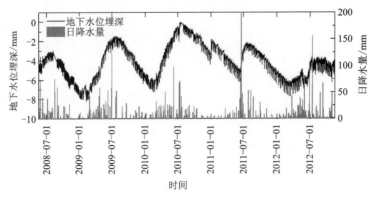

图 5-10 武汉九峰站观测水井的地下水位埋深(黑色实线)和
武汉国际气象交换站日降水量(灰色柱条)

5.3 模拟方法

研究表明,重力仪的观测对近区的地下水质量运动尤为敏感(Abe et al.,2006;Hasan et al.,2006;Kazama and Okubo,2009;Hector et al.,2013)。Kazama and Okubo(2009)的研究指出,Asama 火山观测站重力仪观测到的地下水重力效应能被 70 m 左右范围内的地下水质量变化较好地解释,而如此小的主要影响范围与台站所处的地形和地下水的埋深较浅有关。本章在不考虑武汉九峰站地形的水平起伏和地下水的水平流动的情况下,以监测水井的水位代表台站局部地区的地下水位,并模拟了非饱和层(地面至地下水位)的渗透过程,以便更精确地确定局部地区地下水流动对重力观测的影响。

武汉九峰站的计算与拉萨站一样,按照式(3-16)建立非饱和层的一维地下水渗透方程,将有效降水量和地下水位观测分别作为上下边界条件,通过有限差分法解算,得到土壤含水率随深度的变化,并对地下水重力效应进行估计。

我们将地表至地下 10 m 的土壤划分为 100 个厚度 $\Delta z = 0.1$ m 的等厚水平层,模拟了各层含水率随时间的变化,时间间隔 $\Delta t = 3600$ s。武汉九峰站使用的土壤参数值如下:

$$\begin{cases} K_s = 4.1 \times 10^{-8} \text{ m/s} \\ a = 2.057 \\ D_s = 1.0 \times 10^{-6} \text{ m}^2/\text{s} \\ b = 3.947 \\ \theta_{\max} = n = 0.240 \\ \theta_{\min} = 0.129 \end{cases} \tag{5-1}$$

其中,根据常见的土壤类型和常见松散岩土孔隙度参考值(张人权等,2011),并参考张为民等(2001)在武汉地区的土壤样品试验结果,取土壤的孔隙度为 $n = 0.240$(最大含水率 $\theta_{\max}$)。其他参数的取值均为根据各参数取值范围选取的经验参考值。

年平均有效降水量的取值为:

$$P_0 = \overline{R} - E_0 = 1\,269.0 - 932.8 = 336.2 \text{ (mm)} \tag{5-2}$$

式中,$\overline{R}$ 为根据武汉国际气象交换站 1971—2000 年统计资料计算的年均降水量;E_0 为武汉国际气象交换站的 Thornthwaite 年累积蒸散发量。

5.4 计算结果

5.4.1 土壤含水率的初始状态

图 5-11 显示的是武汉九峰站土壤含水率的初始分布,其中初始地下水面(埋深约为 4.4 m)以下的土壤含水均达到饱和状态,含水率等于 0.24(最大含水率 $\theta_{\max}$),随着深度的减小土壤含水率迅速降低,在地表面处的土壤含水率为 0.165。可以看到与拉萨站的含水率初始分布(图 4-13)不同的是,图中含水率随深度的变化曲线弯曲方向是向下凸的,这是由于武汉地区的年均降水量 $\overline{R}$ 大于 Thornthwaite 年累积蒸散发量 E_0,平均有效降水量 P_0 大于 0。

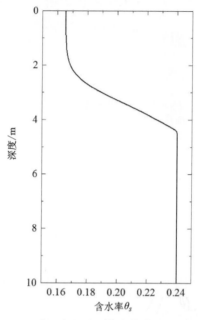

图 5-11　武汉九峰站土壤含水率的初始分布

5.4.2　土壤含水率的时空分布

图 5-12 显示了模拟计算的武汉九峰站地下 0~10 m 的含水率分布随时间的变化,时间从 2008 年 5 月开始至 2012 年 11 月结束。从中可以看出,土壤的含水率变化具有非常明显的周年和季节性特征。且 5.0 m 以下的含水率变化很小,特别是 6.5 m 以下的含水率基本保持饱和不变。

图 5-13 显示了武汉九峰站几个典型深度(地面以下 1~9 m 处)的含水率随时间的变化,9 m 以下的土壤一直处于饱和含水状态,因此不作绘制。各深度处的含水率变化趋势一致,都是在冬季达到最低峰值(2011 年除外),在夏季达到最高峰值,这与图 5-10 中的降水量时间分布和监测水井水位的变化相吻合。而 2011 年的土壤含水率随时间变化的最低峰值和水井最低水位出现在夏季,这主要是因为 2011 年武汉的旱涝呈急转态势(见 5.2.3 小节说明)。

对比图 5-13 和图 5-10 我们可以发现,当大降水发生时,各层的含水率随即显著增加,之后一段时间内,各层的含水率先后迅速下降。但是各

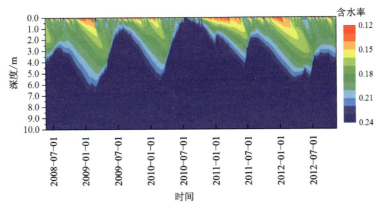

图 5-12　武汉九峰站土壤含水率分布随时间的变化

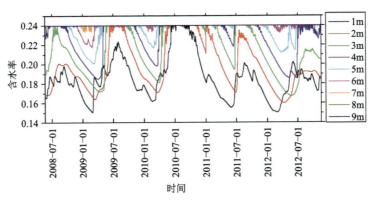

图 5-13　武汉九峰站 9 个典型深度处的土壤含水率随时间的变化

处含水率的变化并不是同步进行的,相对浅层而言,深层的含水率变化存在着一定的时间延后,这很可能与地下水的渗透有关。

图 5-14 显示了武汉九峰站 3 个典型时刻土壤含水率随深度的变化,图 5-14(a)、(b)、(c)表示的时刻分别为 2009 年 2 月 8 日上午 4 点、2009 年 7 月 24 日上午 7 点和 2010 年 2 月 14 日上午 9 点。其中(a)和(c)处于水位相对较低的枯水期,水位埋深分别为 8.15 m 和 7.23 m,(b)处于(a)和(c)之间的丰水期,水位埋深为 1.36 m。

5.4.3　地下水重力效应

根据 5.4.2 小节模拟计算的土壤含水率时空分布,按照式(3-63)对武

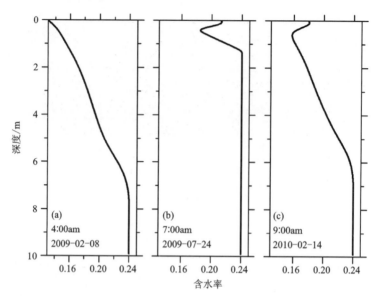

图 5-14 武汉九峰站含水率随深度的变化

汉九峰站的地下水重力效应进行计算,图 5-15 显示了武汉九峰站模拟计算的地下水重力效应和超导重力残差,蓝色曲线显示的是模拟计算的 2008 年 5 月至 2012 年 11 月的地下水重力效应,黑色曲线显示的是 2008 年 5 月至 2012 年 7 月经过各项改正之后的超导重力残差(具体改正过程参见 5.2.1 小节)。

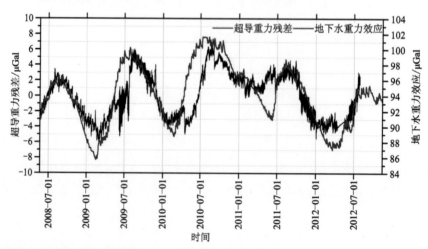

图 5-15 武汉九峰站模拟的地下水重力效应(蓝色曲线)与超导重力残差(黑色曲线)

对比两者的变化趋势即可发现,模拟计算可以很好地重现出观测重力残差的季节和年际变化,在降水较少的冬季达到最低值,在降水较多的夏季达到最高峰值(2011 年除外)。经过快速傅里叶变换计算两者的年际变化振幅谱和相位谱(图 5-16),图 5-16 的振幅谱结果表明两者有着非常相似的频率-振幅分布。两者在时域和频域上趋势的一致性说明经过各项改正之后的重力残差的主要信号来源是局部区域地下水的变化,同时也验证了本章模拟结果的正确性。

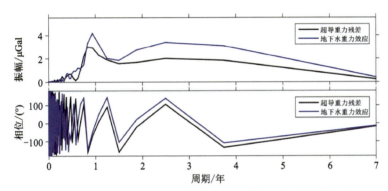

图 5-16　武汉九峰站模拟的地下水重力效应(蓝)和超导重力残差(黑)振幅谱及相位谱

模拟计算的结果表明,武汉九峰站局部区域地下水变化最大可以引起 15.94 μGal 的重力变化,比拉萨的 4.88 μGal 大很多,这主要是因为武汉九峰站的地下水位波动要比拉萨站的大得多。武汉九峰站的地下水位变化达到 8 m,而拉萨站的不到 2 m。在冬夏降水量差别较大的两季之间,武汉九峰站地下水重力效应的变化通常会达到 10 μGal 以上,因此在进行精度较高的重力观测时,特别是在时间跨度超过几个月或者几个季度的情况下,必须将局部区域地下水的影响考虑进去。

虽然,武汉九峰站模拟计算的地下水重力效应在时域和频域上都表现出了与超导重力残差一致的变化趋势,但是,两者的振幅和相位也存在一定差异。如整个时段内,超导重力残差的变化幅度为 12.73 μGal,而模拟的地下水重力效应的变化幅度为 15.94 μGal,两者相差 3.21 μGal。在两者振幅最大的周年频段上,超导重力残差的振幅和相位分别为 2.96 μGal 和 −69.0°;模拟的地下水重力效应振幅和相位分别为 4.18 μGal 和 −46.5°。

模拟的年际变化振幅比观测到的大 1.22 μGal，相位上提前 22.5°。

　　能够引起两者差异出现的可能原因有许多，如超导重力残差中可能含有地下水之外的其他地球物理信号；超导重力资料的处理过程中也可能带入不确定因素。这都是与模拟计算无关的影响因素。与模拟计算相关的影响因素包括：①地形起伏的影响。由于缺少台站区域的地形资料，我们对地下水渗透模型作了地形的简化处理，即不考虑台站附近区域的地形起伏，将其作为平坦地区进行研究。②模型简化的影响。书中采用模型只考虑了垂直方向上的一维地下水渗透，忽略了地下水在横向上的流动，且不考虑土壤的不均匀性，即假设不同深度的土壤性质相同，这显然与实际的情况不太符合。③水文资料的不足。地下水的分布和流动对时间和空间都有很强的依赖性，比如地形的起伏、植被的繁茂程度和地表建筑物的遮挡等，都会对地下水的分布产生影响，仅凭一口水井的观测资料难以反映出台站附近区域地下水的详细分布。④与邻近区域的地下水交换。地下水系统中土壤含水层除了受到来自降水的补给和源于蒸发作用的消耗之外，还会与邻近区域的含水层发生地下水交换。

5.5　地形影响

　　由于考虑到武汉九峰站地区的地形起伏较大，而本书采用的模型没有考虑地形的影响，因此本节粗略讨论地形对地下水重力效应计算的影响。假定在坡度为 β 的地面上进行重力观测，观测点的地面高度为 H，观测点半径为 R 范围内均匀分布的厚度 D 为 1 mm 的水层对重力观测的影响 $\delta g(R,\beta)$（图 5-17）可以按下式进行计算（風間卓仁，2010）：

$$\begin{aligned}\delta g(R,\beta) &= 2\pi\rho_w GHD\cos\beta\int_0^R \frac{r}{(r^2+R^2)^{3/2}}\mathrm{d}r \\ &= 2\pi\rho_w GHD\left(1-\frac{H}{\sqrt{R^2+H^2}}\right)\cos\beta \\ &= 0.0419\left(1-\frac{H}{\sqrt{R^2+H^2}}\right)\cos\beta\end{aligned} \quad (5\text{-}3)$$

式中，$\delta g(R,\beta)$ 单位为 μGal。

第 5 章　武汉九峰站地下水重力影响研究

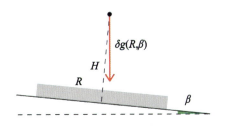

图 5-17　倾斜圆盘模型示意图(据風間卓仁,2010)

首先,当 β 为 0 时,可以查看重力效应随计算半径的变化,如图 5-18 显示了不同计算半径内 1 mm 水层的重力效应占无限平板模型(0.041 9 μGal/mm)的比例。可以看出,观测点附近很小范围内的重力效应占到无限平板模型的绝大部分,如观测点的地面高度 H 为 1 m 时,半径 10 m 范围内的重力效应便占无限平板模型的 90%,而 20 m 的范围则达到 95%。式(5-31)同样适用于地下水层的情况,对于地下水位最大埋深 10 m,相当于观测点的地面高度 H 为 10 m,此时 100 m 范围内地下水层的重力效应便占无限平板模型的 90%,而 200 m 的范围则达到 95%。

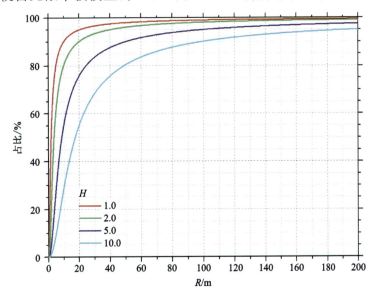

图 5-18　重力效应随半径的变化

水平情况(β=0)下,不同计算半径内 1 mm 水层的重力效应占

无限平板模型(0.041 9 μGal/mm)的比例,红色、绿色、蓝色和青色

曲线分别表示观测点高度 H 为 1.0 m、2.0 m、5.0 m 和 10.0 m 的结果。

其次,考虑当 β 不为 0 的情况,武汉九峰站所在山体的相对高度差为 35 m 左右,而山体半径约为 1 km(由谷歌地球粗略估计),则平均坡度约为 3.5%。由坡度的定义知 $\tan\beta = 0.035$,则有 $\cos\beta = 0.9994$,即表示武汉九峰站的山体坡度对水文重力效应估计的影响约为 0.06%,在可以忽略的范围内。当然,这是简化后的模型,实际情况往往更为复杂,如地形起伏可能造成地下水的水平流动,降水入渗后不再随地形均匀分布,这种情况下需要收集尽可能详细的水文地质和地形等资料,采用三维的地下水渗透模型来进行更精细的模拟计算。

5.6 本章小结

本章是书中一维地下水动力学模拟在非平坦地区——武汉九峰站的应用案例,基于一维地下水渗透方程,以地面降水量、蒸散发量和地下水位等观测资料为约束条件,模拟获得了武汉九峰台站局部区域土壤含水率随深度变化的分布特征,并进一步估计了其导致的重力变化。从结果来看,武汉九峰站局部区域地下水变化最大可以引起 15.94 μGal 的重力变化,因此在进行时间跨度较长的精密重力观测时,必须对其作相应的地下水改正。在时域和频域分别对模拟计算的地下水重力效应和超导重力残差进行对比,发现两者在趋势上均有很好的一致性,这说明超导重力残差的主要信号来源是局部区域地下水的变化,同时这种一致性也验证了本书模拟结果的正确性。此外,超导重力残差能够很好地反映出地下水重力效应随时间变化的季节性和年际性特征,因此,采用超导重力残差可以获得台站局部地区的平均地下水分布,为了解地下水的渗透过程提供重要约束。然而,模拟值和观测值之间依然存在着振幅和相位上的偏差,这需要加入地形和更加详细的水文观测资料来提高模拟结果的精度。最后简单讨论了武汉九峰站地形对地下水重力效应计算的影响,在倾斜平板模型中,武汉九峰站山体坡度(约 3.5%)对水文重力效应估计的影响约为 0.06%,在可以忽略的范围内。

第6章 地下水变化对重力固体潮调和分析的影响

本章以武汉九峰站超导重力仪潮汐观测数据为例,从标准差、振幅因子和残差频谱3个方面分析了该站地下水对重力固体潮调和分析结果的影响。数值结果表明地下水位季节变化项的振幅要比其他潮汐频段的谱峰大2个数量级左右,因此可确定地下水变化的能量主要集中在季节项上,但是周日及更短周期的频段也有少量能量。在不加高通滤波的情况下,考虑地下水位变化的影响对调和分析的总标准差有稍微的减小,周日频段、半周日频段、三分之一周日频段和四分之一周日频段的标准差都有稍微增大,地下水对周期大于周日的长周期频段结果影响明显。在加高通滤波的情况下,加入地下水后调和分析的标准差及振幅因子的结果几乎没有变化,残差振幅谱的差异在$\pm 0.001\ \text{nm/s}^2$之内,说明对周日及更短周期的潮汐频段调和分析时,无需考虑地下水的影响。研究结果可为重力潮汐数据中的地下水重力影响研究及更精确的重力固体潮汐参数的获取提供重要参考。

6.1 引 言

重力固体潮调和分析是根据重力固体潮观测数据估算各个频段潮汐波群的潮汐参数(振幅因子和相位滞后)的过程,其中振幅因子是重力固体潮的重要特征数,可为地球内部物质的弹性形变特征研究提供有效约束(方俊,1984)。目前用来进行重力潮汐观测数据调和分析的软件主要包括 BAYTAP-G(Tamura et al.,1991)、Eterna(Wenzel,1996)、VAV(Venedikov and Viera,2003),其中应用最为广泛的是 Eterna,它也是目前国际地潮中心推荐使用的标准调和分析软件。Eterna 利用最小二乘平差技术来估计潮汐参数和辅助观测数据的回归系数,同时可最多考虑 8 种辅助观测的影响。但目前大多数学者在潮汐参数的调和分析过程中只考虑了气压变化的影响(如 Mikolaj et al.,2019；贺前钱等,2016),关于地下水位对潮汐参数调和分析的影响还少有涉及。主要原因之一是同时具有气象和地下水位观测的超导重力台站并不多见,另外地下水变化的最大能量在季节项上,但是潮波的季节项振幅较小,分析结果并不准确,导致地下水的影响也无法准确测定。

随着现代观测技术和条件的发展,武汉九峰站已经拥有目前国际上最先进的重力、空间大地测量观测仪器,如最新型 OSG 超导重力仪、FG5 绝对重力仪、GNSS 连续测点、地下水位计、雨量计等,是国内同类观测台站中观测手段较为完备的台站。因此本书以武汉九峰站为例,在进行调和分析时,不仅考虑台站大气的影响,还考虑台站地下水的影响,且着重讨论地下水对分析结果的影响。本章首先介绍 Eterna 原理,包括潮汐参数、气象和地下水位回归参数的计算方法。然后利用该站超导重力仪的实测重力潮汐、气压和地下水位观测数据进行调和分析,并进行结果对比,分析讨论地下水对潮汐参数调和分析结果的影响。相关结果可为获取更加精确的地球重力潮汐参数提供重要参考,为进一步约束地球内部物质的弹性形变特征提供有效信息(贺前钱等,2020)。

6.2　Eterna 调和分析原理

Eterna 调和分析使用的最小二乘平差计算模型为(许厚泽,2010):

$$y(t) = \sum_{m=1}^{M} \delta_m \sum_{n=\alpha_m}^{\beta_m} A_{mn} \cos(\omega_{mn} t + \varphi_{mn} + \Delta\varphi_m) + Dr(t) + \sum_{i=1}^{N} \sum_{j=0}^{K} a_{ij} P_i(t-j) + b \operatorname{Pole}(t) + \varepsilon(t)$$

式中,$y(t)$ 为重力潮汐观测；t 为时间；右边第一项为潮汐项；M 为波群数；δ_m 和 $\Delta\varphi_m$ 分别为波群 m 的待求振幅因子和相位滞后；α_m 和 β_m 为波群 m 在潮汐分波表中的始末位置；A_{mn}、ω_{mn} 和 φ_{mn} 分别为波群 m 中潮波分

量 n 的理论振幅、角频率和初始相位；第二项 $Dr(t)$ 为仪器的漂移项；第三项中 $P_i(t-j)$ 和 a_{ij} 分别为第 i 个辅助观测数据（共 N 种）及其重力导纳值（下标 j 表示时间滞后 j 采样间隔，最大到 K）；第四项为极移效应，Pole(t) 和 b 分别为极移和极移回归系数；第五项 $\varepsilon(t)$ 为观测噪声。

根据研究目的，漂移项可以用数字高通滤波消除，或用切比雪夫多项式进行拟合。但须注意，如需对观测数据中的长周期频段进行潮汐参数的确定，则不能采用数字高通滤波[截断频率为 0.721 499 cpd(Cycles Per Day)]。大气压力（或其他气象、水文资料）的重力导纳值由线性回归得到，若使用数字高通滤波，则辅助数据的重力导纳值也是在滤波后的辅助数据上进行线性回归得到的。利用 Eterna 软件中的 ANALYZE 模块，对经过预处理及干扰修正后的重力观测资料进行调和分析，即可得到潮汐参数、回归系数及其精度估计。

6.3 观测数据

选取武汉九峰站编号为 GWR-C032 的超导重力仪于 2008 年 5 月 20 日至 2012 年 7 月 28 日之间的观测数据，其中原始超导重力观测以 1s 的采样间隔进行数据采集（图 6-1），观测精度达到 0.01μGal（1μGal$=10^{-8}$ m/s^2），仪器的漂移量为 2.28μGal/a（陈晓东，2003）。采用 TSoft(Van Camp and Vauterin,2005) 进行预处理后，去除了干扰信号的影响，采用低通数字滤波器将原始采样资料转换为小时采样数据[图 6-1(c)]，供调和分析使用。按同样的处理流程对气压观测数据进行处理[图 6-1(b)]。

为研究地下水变化对武汉九峰站重力变化观测的影响，在距超导重力仪测点约 150m 处的水井中安装了一台地下水位监测仪，用以记录地下水位的变化。同样选取 2008 年 5 月开始至 2012 年 11 月的数据记录，由原始的 10 分钟采样数据重采样为小时采样数据，水井的水位观测记录如图 6-2 所示。

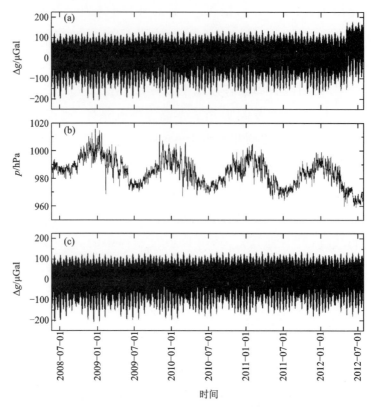

图 6-1 武汉九峰站地下水位观测数据

(a)原始重力潮汐观测值;(b)预处理后台站气压观测值;(c)预处理后重力潮汐观测值

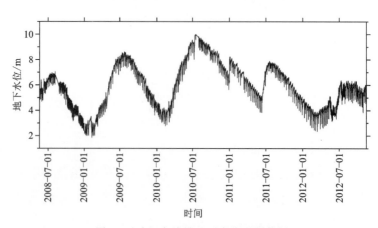

图 6-2 武汉九峰站地下水位观测数据

6.4 结果及讨论

利用上述预处理后的武汉站超导重力仪潮汐观测、台站气压和地下水位观测数据,按照是否考虑地下水位及是否采用高通滤波,分 4 种方案进行重力固体潮汐参数的调和分析(表 6-1),其中引潮位展开表采用的是 Hartmann 和 Wenzel(1995)给出的结果。同时还使用了 HANN 窗,以削弱信号的泄露及栅栏效应。其中方案 2 和方案 4 使用的滤波系数文件为 n60m60m2.nlf。

表 6-1 不同调和分析方案

方案	1	2	3	4
地下水位	−	−	+	+
高通滤波	−	+	−	+

注:"+"表示使用数据或方法,"−"表示不使用数据或方法。

表 6-2 给出了调和分析结果的总标准差及各潮汐频段的标准差,可以看出:①在不加高通滤波的情况下(方案 1 和 3),考虑地下水位变化的影响对调和分析的标准差有稍微的减小(由 17.967 nm/s^2 减至 17.726 nm/s^2);周日频段、半周日频段、三分之一周日频段和四分之一周日频段的标准差都有稍微增大,说明地下水对潮汐调和分析结果有影响,但是影响较小。②高通滤波会对频率低于 0.721 499 cpd 的部分进行截断处理,而地下水位的变化主要在季节项,因此加高通滤波(方案 4)的地下水导纳值结果较小,比不加高通滤波(方案 3)的结果小一个数量级,原因是大部分地下水变化的能量已经被滤掉。此时,地下水的加入对调和分析的标准差没有影响。而无论是加高通滤波还是不加高通滤波,加入地下水位后周日及更短周期的频段的标准差都稍有增大,说明地下水在这些频段还是有影响的,但是影响非常小,可以忽略。

表 6-2 调和分析结果的标准差和大气、地下水导纳值

方案	1	2	3	4
长周期频段/(nm·s^{-2})	0.295 081	—	0.307 880	—
周日频段/(nm·s^{-2})	0.056 001	0.055 685	0.056 402	0.055 683
半周日频段/(nm·s^{-2})	0.063 355	0.062 749	0.063 915	0.062 771
三分之一周日频段/(nm·s^{-2})	0.011 300	0.010 670	0.011 978	0.010 675
四分之一周日频段/(nm·s^{-2})	0.007 872	0.007 096	0.008 393	0.007 102
标准差/(nm·s^{-2})	17.967	2.425	17.726	2.425
气压导纳值/(nm·s^{-2}·hPa^{-1})	−2.754 43	−3.237 55	−2.551 10	−3.235 98
地下水位导纳值/(nm·s^{-2}·m^{-1})	—	—	0.019 45	0.001 35

表 6-3 显示了不同方案调和分析结果的潮汐参数振幅因子(δ)及其标准差(σ_δ),可以看出对于长周期频段(如 SA 和 SSA)的 Eterna 调和分析结果效果并不理想。图 6-3 选出了其中的 8 个主要潮波,对不同方案的振幅因子进行直观对比,结果显示:①在不加高通滤波的情况下(方案 1 和方案 3),考虑地下水位变化的影响对振幅因子的调和分析结果未有明显影响(在 0.02%以内);②采用高通滤波(方案 2 和方案 4)时,地下水的加入对振幅因子的调和分析结果几乎没有影响;③而采用高通滤波的振幅因子调和分析结果均比不加高通滤波时小(最大差异在 0.1%以内),更接近于 Sun 等(2019)的结果,仍然存在的差异主要是由于海潮负荷的影响所致。

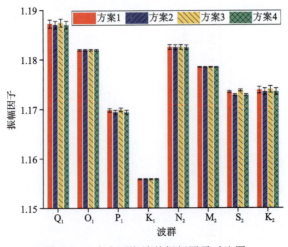

图 6-3 8 个主要潮波的振幅因子对比图

第6章 地下水变化对重力固体潮调和分析的影响

表 6-3 调和分析的潮汐参数结果

波群	频率范围/cpd		方案 1		方案 2		方案 3		方案 4	
			δ	σ_δ	δ	σ_δ	δ	σ_δ	δ	σ_δ
SA	0.000 146	0.003 426	21.114 85	50.420 16	—	—	20.875 18	53.795 83	—	—
SSA	0.004 709	0.010 952	0.654 23	0.625 57	—	—	0.624 15	0.653 53	—	—
MSM	0.025 811	0.031 745	1.348 88	0.504 65	—	—	1.238 42	0.526 94	—	—
MM	0.033 406	0.044 653	1.256 03	0.061 14	—	—	1.246 30	0.063 81	—	—
MSF	0.060 131	0.068 640	1.169 63	0.255 85	—	—	1.233 32	0.267 01	—	—
MF	0.069 845	0.080 798	1.103 54	0.019 16	—	—	1.099 32	0.020 00	—	—
MSTM	0.096 422	0.104 932	1.259 98	0.315 85	—	—	1.168 54	0.329 59	—	—
MTM	0.106 136	0.115 412	1.077 77	0.062 36	—	—	1.114 12	0.065 09	—	—
MSQM	0.130 192	0.143 814	1.174 14	0.314 69	—	—	0.858 60	0.328 60	—	—
MQM	0.145 166	0.249 952	1.049 61	0.309 36	—	—	1.086 66	0.322 79	—	—
SGQ$_1$	0.721 499	0.833 113	1.184 93	0.018 85	1.183 76	0.017 00	1.183 15	0.018 98	1.183 61	0.017 01
2Q$_1$	0.851 181	0.859 691	1.187 65	0.006 09	1.187 87	0.005 60	1.187 07	0.006 14	1.187 83	0.005 60
σ_1	0.860 895	0.870 024	1.187 6	0.005 07	1.187 63	0.004 68	1.187 27	0.005 10	1.187 60	0.004 68
Q$_1$	0.887 326	0.896 130	1.187 25	0.000 81	1.187 02	0.000 78	1.187 43	0.000 82	1.187 02	0.000 78
ρ_1	0.897 806	0.906 316	1.186 43	0.004 31	1.186 91	0.004 18	1.186 73	0.004 34	1.186 94	0.004 18
O$_1$	0.921 940	0.930 450	1.181 91	0.000 16	1.181 91	0.000 16	1.181 90	0.000 16	1.181 91	0.000 16
τ_1	0.931 963	0.940 488	1.163 14	0.012 38	1.165 09	0.012 64	1.162 37	0.012 47	1.165 09	0.012 64
NO$_1$	0.958 085	0.966 757	1.175 46	0.001 67	1.175 58	0.001 75	1.175 36	0.001 68	1.175 58	0.001 75
χ_1	0.968 564	0.974 189	1.164 4	0.010 20	1.163 06	0.010 73	1.164 77	0.010 27	1.163 05	0.010 73
P$_1$	0.989 048	0.998 029	1.169 77	0.000 35	1.169 40	0.000 38	1.169 90	0.000 36	1.169 40	0.000 38
S$_1$	0.999 852	1.000 148	1.218 17	0.021 81	1.310 61	0.026 57	1.177 68	0.021 97	1.309 94	0.026 69

续表 6-3

波群	频率范围/cpd		方案 1		方案 2		方案 3		方案 4	
			δ	σ_δ	δ	σ_δ	δ	σ_δ	δ	σ_δ
K_1	1.001 824	1.013 690	1.155 86	0.000 11	1.155 85	0.000 12	1.155 87	0.000 11	1.155 85	0.000 12
θ_1	1.028 549	1.034 468	1.168 66	0.010 22	1.169 41	0.010 57	1.168 61	0.010 29	1.169 43	0.010 57
J_1	1.036 291	1.044 801	1.173 86	0.001 97	1.173 66	0.002 03	1.173 98	0.001 98	1.173 67	0.002 03
SO_1	1.064 840	1.071 084	1.169 89	0.011 81	1.171 66	0.011 81	1.168 93	0.011 90	1.171 64	0.011 81
OO_1	1.072 582	1.080 945	1.166 97	0.002 98	1.166 06	0.002 96	1.167 27	0.003 00	1.166 06	0.002 96
ν_1	1.099 160	1.216 398	1.161 14	0.014 83	1.160 28	0.014 32	1.161 50	0.014 94	1.160 29	0.014 32
ε_2	1.719 380	1.837 970	1.186 32	0.010 79	1.186 37	0.010 67	1.186 37	0.010 89	1.186 37	0.010 68
$2N_2$	1.853 919	1.862 429	1.185 48	0.003 45	1.185 37	0.003 45	1.185 41	0.003 48	1.185 36	0.003 45
μ_2	1.863 633	1.872 143	1.183 73	0.002 96	1.183 82	0.002 96	1.183 74	0.002 99	1.183 82	0.002 96
N_2	1.888 386	1.896 749	1.182 52	0.000 47	1.182 49	0.000 47	1.182 52	0.000 47	1.182 48	0.000 47
ν_2	1.897 953	1.906 463	1.180 57	0.002 50	1.180 43	0.002 51	1.180 61	0.002 52	1.180 43	0.002 51
M_2	1.923 765	1.942 754	1.178 47	0.000 09	1.178 43	0.000 09	1.178 46	0.000 09	1.178 43	0.000 09
λ_2	1.958 232	1.963 709	1.167 5	0.012 45	1.167 84	0.012 38	1.167 42	0.012 56	1.167 85	0.012 39
L_2	1.965 826	1.976 927	1.179 33	0.003 81	1.179 40	0.003 79	1.179 32	0.003 84	1.179 40	0.003 79
T_2	1.991 786	1.998 288	1.176 76	0.003 34	1.177 01	0.003 28	1.176 67	0.003 37	1.177 01	0.003 29
S_2	1.999 705	2.000 767	1.173 47	0.000 19	1.172 80	0.000 22	1.173 76	0.000 20	1.172 80	0.000 22
K_2	2.002 590	2.013 690	1.173 82	0.000 66	1.173 51	0.000 66	1.173 95	0.000 67	1.173 51	0.000 66
η_2	2.031 287	2.047 391	1.182 81	0.010 38	1.181 65	0.010 15	1.183 14	0.010 47	1.181 64	0.010 15
$2K_2$	2.067 578	2.182 844	1.166 06	0.029 89	1.163 34	0.029 26	1.167 08	0.030 15	1.163 34	0.029 27
M_3	2.753 243	3.081 255	1.082 67	0.000 92	1.082 87	0.000 86	1.082 56	0.000 97	1.082 87	0.000 86
M_4	3.791 963	3.937 898	0.817 4	0.039 16	0.817 71	0.035 28	0.818 83	0.041 75	0.817 83	0.035 31

注："—"表示未计算。

第6章 地下水变化对重力固体潮调和分析的影响

为仔细观察地下水位变化对长周期潮汐参数调和分析的影响,图 6-4 给出了地下水位的振幅谱,同时表 6-4 给出了方案 1 与方案 3 的长周期潮汐参数差异。从表 6-4 振幅谱的结果来看,地下水在季节项(主要周年和半年)、周日、半周日、三分之一周日、四分之一周日都有明显谱峰,并且季节项的振幅要比其他谱峰大 2 个数量级左右,因此可确定地下水的主要能量在季节项上,但是周日及更短周期的频段也有能量,尽管这些能量对于重力场观测的影响较小,因为振幅仅仅在厘米量级(10^{-2} m)。从表 6-4 的结果来看,地下水变化对调和分析结果的影响主要表现在长周期频段,除 MM 和 MF 波群外,其他长周期波群的振幅因子变化都在 1% 以上,特别是 MSQM 波群的振幅因子变化达到了 26%。除了由于这些潮波估算精度较差的影响之外,地下水的影响也加大了这些差异,因为振幅在 10 nm/s² 以上的潮汐参数的估算,振幅因子要求小于 1%,100 nm/s² 以上的潮波要求差异小于 0.1%,说明在估算长周期潮波的潮汐参数时,需要考虑地下水的影响。

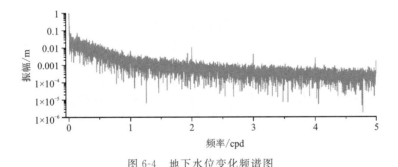

图 6-4 地下水位变化频谱图

表 6-4 方案 1 与方案 3 的长周期潮汐参数差异

波群	频率范围/cpd	δ	百分比/%	Δφ/(°)
SA	0.000 146~0.003 426	0.239 67	1.135 08	0.378 20
SSA	0.004 709~0.010 952	0.030 08	4.597 77	−0.611 20
MSM	0.025 811~0.031 745	0.110 46	8.189 02	1.078 10
MM	0.033 406~0.044 653	0.009 73	0.774 66	0.193 10
MSF	0.060 131~0.068 640	−0.063 69	−5.445 31	−0.567 30
MF	0.069 845~0.080 798	0.004 22	0.382 41	0.033 50
MSTM	0.096 422~0.104 932	0.091 44	7.257 26	1.541 80

续表 6-4

波群	频率范围/cpd	δ	百分比/%	$\Delta\varphi/(°)$
MTM	0.106 136～0.115 412	−0.036 35	−3.372 70	−0.555 30
MSQM	0.130 192～0.143 814	0.315 54	26.874 14	2.078 00
MQM	0.145 166～0.249 952	−0.037 05	−3.529 88	−8.649 50

图 6-5 给出了不同分析方案的调和分析结果残差的振幅谱,而图 6-6 给出了方案间的差异,两个图都是将不加高通滤波的分析方案(方案 1 和方案 3)和加高通滤波后的方案(方案 2 和方案 4)分开显示。从图 6-5 和图 6-6 中可以看出:①在不加高通滤波的情况下(方案 1 和方案 3),考虑地下水位变化的影响对调和分析的残差在周日及以下周期的潮汐频段未有明显影响,但是在周期大于周日的潮汐频段影响较为明显,与图 6-4 和表 6-4 给出的结果综合说明了地下水对潮汐分析结果的主要影响为周期大于周日的长周期潮汐频段。②图 6-6 中采用高通滤波(方案 2 和方案 4)时,地下水位的加入对调和分析的残差振幅谱的差异在 ±0.001 nm/s² 之内,结合图 6-4 中的结果,说明尽管图 6-4 中给出的地下水的频谱中有周日及其以下潮汐频段的信号,但是这个信号的振幅太小,要比季节项约小 2 个数量级,对周日及其小于周日的潮汐频段潮汐波的振幅因子的估算的影响小于 0.001,鉴于振幅因子的估算精度都大于 0.001,因此在周日及更短周期的潮汐频段调和分析时,无需考虑地下水的影响。

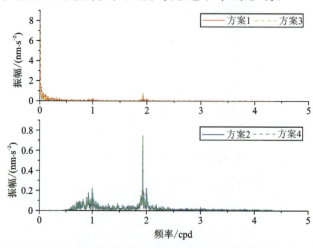

图 6-5 不同分析方案重力残差的振幅谱

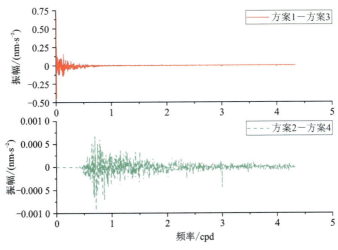

图 6-6 不同分析方案重力残差振幅谱间的差异

6.5 本章小结

本章以武汉九峰站为例,从调和分析的标准差、振幅因子和残差频谱3个方面,分析了地下水对重力潮汐调和分析结果的影响。得出结论如下:①地下水的频谱结果表明,地下水在季节项(主要周年和半年)、周日、半周日、三分之一周日、四分之一周日都有明显谱峰,并且季节项的振幅要比其他谱峰大2个数量级左右,因此可确定地下水的主要能量在季节项上,但是周日及更短周期的频段也有少量能量。②在不加高通滤波的情况下,考虑地下水位变化的影响对调和分析的总标准差有稍微的减小,周日频段、半周日频段、三分之一周日频段和四分之一周日频段的标准差都有稍微增大,对周期大于周日频段的潮汐参数调和分析结果影响明显。③在加高通滤波的情况下,加入地下水后调和分析的标准差及振幅因子的结果几乎没有变化,残差振幅谱的变化在$\pm 0.001\ \mathrm{nm/s^2}$之内,说明在周日及更短周期的潮汐频段调和分析时,无需考虑地下水的影响。本研究结论可为重力固体潮汐观测中的地下水重力影响研究提供科学依据,为获取更加精确的地球重力固体潮汐参数提供重要参考。

第 7 章　用超导重力技术定量分离局部非饱和带地下水储量变化

非饱和带地下水(地面至地下水位之间岩层中含有的水)的定量研究对于地下水流动机制及地下水质量交换和循环等具有重要的科学意义和实际应用价值,但是由于非饱和带与饱和带有着密切联系,且对非饱和带地下水的直接观测比较困难,因此非饱和带地下水储量变化定量分离目前仍是一个难题。本研究借鉴 GRACE 地下水储量变化研究中将观测地下水位的深度变化转换为水储量变化的做法,提出了一种基于单台超导重力仪及地下水位观测数据实现局部非饱和带地下水储量变化定量分离的新方法,并以武汉大地测量国家野外科学观测研究站(武汉站)的超导重力仪 GWR-C032 和同期地下水位观测数据进行了实测数据验证。计算结果表明用超导重力技术获得的非饱和带地下水储量变化趋势与用局部水文模型法得到的结果有较好的一致性,说明利用超导重力与地下水位观测可实现局部非饱和带地下水储量变化的定量分离。在 2008 年 5 月—2010 年 4 月研究时段内,武汉站非饱和带地下水储量峰对峰变化幅度可达 1580 mm,且其变化趋势与地下水储量总变化趋势以及饱和带的地下水储量变化趋势几乎完全相反,说明非饱和带有明显减缓地下水储量变化的作用。

7.1 引　言

非饱和带(也称包气带)通常被定义为由地面至第一个非承压含水层

第7章 用超导重力技术定量分离局部非饱和带地下水储量变化

地下水位之间的孔隙介质(Stephens,2018)。非饱和带作为连接大气水、植被水、地表水和地下水等水系统之间的桥梁与纽带,其储水量变化的定量研究对于地下水补给、水质保护及区域乃至全球的水质量交换与循环意义重大(Mayfield et al.,2021;Arora et al.,2019;Nimmo,2006)。然而由于地下空间难以全部触及,仅通过有限点位的非饱和带地下水观测数据,难以实现区域非饱和带地下水储量变化(Water Storage Change of the Vadose Zone,WSC_{VZ})的精确量化(Christiansen et al.,2011b)。目前用于非饱和带区域水含量和流量的测量仪器,包括张力计、土壤湿度计、吸力蒸渗仪和渗透计等,只能测量数十至数百立方厘米的较小空间范围,如土壤湿度探针只能布设在约 2 m 内的浅地表(Izbicki et al.,2008),所以传统地下点位观测尺度有限,无法覆盖整个非饱和带的空间范围,从而无法体现非饱和带水含量的空间非均匀性,又由于布设深度有限,使得非饱和带深部水储量变化的定量估计至今仍是一个难以解决的问题(Kennedy et al.,2016;Creutzfeldt et al.,2010a)。

目前利用全球或局部水文模型进行非饱和带水储量变化定量估计存在以下两方面的困难:①全球水文模型难以满足局部或区域非饱和带地下水储量变化定量研究的要求。例如全球陆面数据同化系统(Global Land Data Assimilation System,GLDAS)Noah 模型能够以高达 $0.25°$ 的空间分辨率和 3 小时的时间分辨率评估全球的环境变化,包括降水量、降雪量、蒸散发量、土壤水分、地表径流和地下径流等,为地球科学研究提供了非常珍贵的模型数据(Rodell et al.,2004),但是该模型土壤水深度范围仅为 0~200 cm,空间分辨率约为 30 km,这两项都不满足局部或区域非饱和带地下水储量变化定量计算的要求。②局部水文模型强烈依赖于详细的水文地质结构、精确的水文地质参数以及丰富的水文气象观测资料等,因此虽然利用局部水文模型能够对区域地下水的分布及流动进行数值模拟(Hinderer et al.,2020;Reich et al.,2019;Mikolaj et al.,2019;Leirião et al.,2009),进而获得非饱和带地下水储量变化(该方法简称局部水文模型法),但由于上述信息在空间上非常不均匀,使得全面而高精度地观测这些信息非常困难,最终导致非饱和带地下水储量变化的定量计算结果存在较大的不确定性。超导重力技术为解决非饱和带水储量变化定量估计存在的这两个困难提供了可能,重力场时间变化包含地下物质质量迁移信息,因此通过高精度时变重力观测能够以非侵入的方式监测到地下水(非饱和带地下水与饱和带地下水之和)的储量变化,这是传统地面水文观测或探针监测无法实现的(Creutzfeldt et al.,2010b)。随着高精度超导重力观测技术的发展及其他非水文重力信号改正效果的不断完善(Mikolaj et al.,2019;Warburton et al.,2010;Boy and Hinderer,2006),超导重力技术已成为一种量化区域地下水储量变化的有效方法,在地下水监测和地下水模型构建等方面越来越受关注(Voigt et al.,2021;Mouyen et al.,2019;Champollion et al.,2018;Chen et al.,2018;Kennedy et al.,2016;Lien et al.,2014;Christiansen et al.,2011b;Creutzfeldt et al.,2010a)。

重力变化对物质质量变化的敏感性使得重力观测可获得地下水储量变化的定量估计,但是该定量估计是包括了饱和与非饱和带地下水储量的总变化,要对非饱和地下水储量变化进行定量计算,需要采用适当的方法对两者进行分离。由于重力观测本身是各种变化因素的综合效应以及非饱和带深度不断变化等原因,目前利用重力技术研究地下水储量变化的大多数工作中,都未对饱和带与非饱和带水储量进行明确分离(Kennedy et al.,2016),两者的分离仍然是一项具有挑战性的工作(Van Camp et al.,2017;Christiansen et al.,2011a)。利用相距一定距离或深度的两台超导重力仪的同步观测有助于该问题的解决(Van Camp et al.,2017;Mouyen et al.,2019;Kennedy et al. 2014),例如Kennedy等(2014)利用两台相距13 m的iGrav超导重力仪组成重力梯度基线,对地下水的渗透速率及土壤含水率进行了估计,但这种实验观测仅为个例,并不是所有台站都具备类似实验条件,因此也无法推广应用。

综上所述,本研究提出了一种基于单台超导重力仪及地下水位观测数据实现局部非饱和带地下水储量变化定量分离的新方法。新方法借鉴

第7章 用超导重力技术定量分离局部非饱和带地下水储量变化

了GRACE地下水储量变化研究中普遍使用土壤给水度参数将观测地下水位深度变化转换为水储量变化（通常以等效水高表示）的方法（Feng et al.，2013；Rodell and Famiglietti，2002），提出获得非饱和带地下水储量变化的过程如下：首先基于地下水位观测数据利用土壤孔隙度参数估算饱和带地下水储量变化（Water Storage Change of the Saturated Zone，WSC_{SZ}）；再从超导重力仪的重力观测数据中提取地下水总储量变化（Total Water Storage Change from SG，WSC_{Total}^{SG}）；最后用总水储量变化减去饱和带水储量变化获得非饱和带地下水储量变化，从而实现了两者的定量分离。新方法以武汉大地测量国家野外科学观测研究站（武汉站）超导重力仪GWR-C032的重力观测数据为例进行了验证，给出了该方法的计算理论和实现过程，计算结果最后与局部水文模型法和GLDAS全球水文模型结果进行了对比分析。

7.2 定量分离非饱和带水储量变化所需各类数据

本研究以武汉超导重力仪观测站为例进行非饱和带水储量变化的分离，因此需要用到该台站的重力、地下水水位、台站气压等观测数据和土壤参数数据。另外台站气象观测数据用的是武汉气象国际交换站（简称武汉气象站）的气象观测数据，包括日降雨量、平均温度、平均相对湿度、平均风速和日照时长等8种观测值。作为示例，图7-1给出了武汉站的监测水井地下水位和武汉气象站的日降雨量观测数据。地下水位（图7-1黑色曲线）是由压力式水位计观测得到，从2008年5月开始观测，但是2010年5月之后的观测数据由于仪器问题无法使用，因此本研究选用了2008年5月至2010年4月约2年的数据。地下水位观测的原始采样间隔为10 min，本研究采用其整点观测值。由于水井与超导重力仪的距离较近（约130 m），因此超导重力仪测点处地下水位的变化可用水井处水位计观测的地下水位变化来近似。图7-1黑色虚线为地下水位观测数据长期趋势项的线性拟合，该趋势项的斜率仅为0.12 m/a，说明武汉站局部地下水水位略有长期抬升的趋势。但此长期趋势项说不清是由于水位的长期变化引起的还是仪器的长期漂移引起的,所以本研究不对地下水储量的长期变化进行研究。同时段内武汉气象站的日降雨量(图 7-1 灰色柱条)下载自中国气象科学数据共享服务网(http://data.cma.cn)的"中国地面国际交换站气候资料日值数据集(V3.0)"[The dataset (V3.0) of daily values of climate data from Chinese surface stations for global exchange],研究中用到了该数据集 8 种观测值中的 5 种,包括日降雨量、日平均气温、平均湿度、平均风速和日照时长,其中后 4 种观测值用来估算日潜在蒸散发量(Penman,1948)。

从图 7-1 中可以看出,地下水位观测值在夏季 8 月左右达到水位峰值,在冬季 2 月左右达到水位谷值,峰对峰变化幅度约为 7 m,其中每几天一个的小尖峰可能与台站管理人员的周期性生活抽水事件及地球固体潮汐的日潮有关。降雨多集中在 6—8 月,日降雨量在 0~120 mm 之间。对比两者的变化趋势可以发现,观测的地下水位及日降雨量变化均呈现出明显的季节性特征,降雨量的持续累积会引起相应的地下水位抬升。

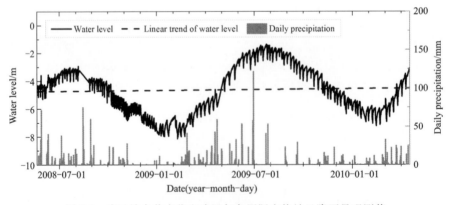

图 7-1　武汉站水井水位和武汉气象国际交换站日降雨量观测值

武汉站超导重力仪 GWR-C032 预处理后的重力潮汐观测值和去掉长期线性趋势项后的重力残差分别如图 7-2(a)和(b)所示。长期线性趋势项的去除主要是为了消除仪器漂移的影响,因为仪器安装几个月后的漂移基本上是时间的线性函数(Van Camp and Francis,2007)。虽然该方

第7章 用超导重力技术定量分离局部非饱和带地下水储量变化

法可能去掉与地下水储量长期变化、地表垂直位移、冰后回弹或地壳增厚等现象相关的长期趋势信号,但是从图 7-1 地下水位变化观测来看地下水储量长期变化比较小,且本研究主要是利用地下水变化的重力场响应定量估计非饱和带的地下水储量变化,该响应主要集中在季节和周年频段上,故去掉长期线性趋势项对本研究没有影响。

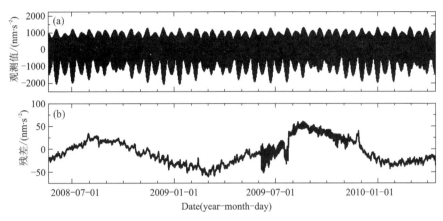

图 7-2 GWR-C032 重力仪预处理后的重力潮汐观测值(a)和重力残差(b)

GWR-C032 重力仪自 1997 年 11 月至 2012 年 7 月进行了连续重力观测,考虑到选用的地下水位数据时间段(2008 年 5 月至 2010 年 4 月),选取了与其相同时间段内的重力观测数据,并且将时间采样间隔由原始的 1 s 重采样为 1 h(徐建桥等,2008)。图 7-2(a)中的重力观测已进行过预处理,预处理包括数据标定和干扰去除,去除的干扰主要有地震、尖峰、阶跃和间断等(陈晓东,2003)。再将重力观测数据中的潮汐、大气、极移的重力影响和线性趋势项进行扣除,得到本研究用以计算地下水总储量变化的重力残差数据,即图 7-2(b)(贺前钱等,2016)。从图 7-2(b)中可以看出观测重力残差同样具有明显的季节性变化,其最大变化幅度约为 12 μGal(1 μGal=10 nm/s^2)。已有研究表明,地表重力连续观测数据在扣除潮汐、大气和极移重力影响后的重力残差主要是陆地水储量变化引起的重力变化(Hinderer et al.,2007),且其中地下水储量变化的重力效应又占据主要部分,因此可将去掉其他影响后的观测重力残差结合观测台站的降雨量、蒸发量等其他观测数据来定量研究地下水的储量变化(Champollion et al.，2018；Güntner et al.，2017；Fores et al.，2017；Pfeffer et al.，2013；Crossley et al.，2013；Jacob et al.，2008)。

  研究中非饱和带水储量变化的分离结果会与 GLDAS/Noah 模型数据进行对比,该模型是美国国家宇航局使用先进的陆面建模和数据同化技术,融合卫星和地面观测数据产品生成的最佳陆面水储量变化模型(Rodell et al.，2004)。GLDAS 在线提供了两个版本的数据集:GLDAS-1 和 GLDAS-2,前者已于 2020 年 3 月停止服务,新数据集 GLDAS-2 包括 GLDAS-2.0、GLDAS-2.1 和 GLDAS-2.2 等 3 个组件。GLDAS-2.1 包含 Noah、VIC 和 CLSM 等 3 个陆面模型,研究中利用了其中时间分辨率及空间分辨率同时为最高的 GLDAS-2.1/Noah 模型数据集(以下简称 GLDAS/Noah 模型)。其时间分辨率为 3 h,空间分辨率为 $0.25°\times0.25°$,且具有明确的土壤水分层信息,分别给出了深度为 0~10 cm、10~40 cm、40~100 cm 及 100~200 cm 共 4 层土壤的含水量等效水高,可定量计算 0~200 cm 深度范围内的非饱和带水储量变化。提取 GLDAS/Noah 模型相应时段内武汉站最邻近格网点的土壤水分分层数据,4 层累加作为武汉站 GLDAS/Noah 模型的非饱和带水储量变化。为方便与重力结果进行比较,线性插值为 1 h 采样间隔的时间序列(图 7-3)。图 7-3 给出的结果表明武汉站 GLDAS/Noah 模型各层的土壤水储量大致正比于其厚度,其中绿色实线为 4 层土壤水储量之和,可以看出 0~200 cm 范围内的非饱和带水储量变化幅度约为 140 mm。从图 7-4 武汉站用局部水文模型法计算的垂向土壤含水率分布时间变化可知,武汉站非饱和带的深度范围随时间有较大变化,最大深度约为 7 m,远大于 GLDAS/Noah 模型给出的深度(200 cm),因此 GLDAS/Noah 模型在非饱和带水储量的模型构建并不完善,不能用该模型给出的非饱和带水储量结果表征非饱和带水储量的总变化。

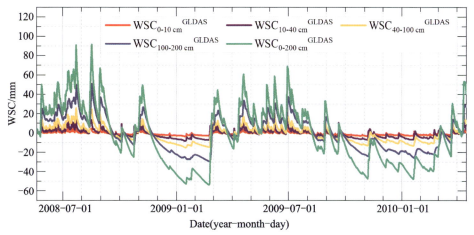

图 7-3 武汉站 GLDAS/Noah 模型非饱和带地下水储量变化

红、紫、黄、蓝与绿色曲线分别为武汉站 GLDAS/Noah 模型 0~10 cm（$WSC_{0\sim10cm}^{GLDAS}$）、10~40 cm（$WSC_{10\sim40cm}^{GLDAS}$）、40~100 cm（$WSC_{40\sim100cm}^{GLDAS}$）、100~200 cm（$WSC_{100\sim200cm}^{GLDAS}$）深度范围的地下水储量变化及 4 层储量变化之和（$WSC_{0\sim200cm}^{GLDAS}$）

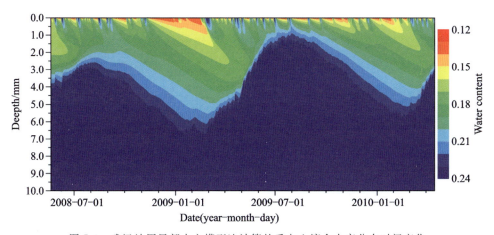

图 7-4 武汉站用局部水文模型法计算的垂向土壤含水率分布时间变化

7.3 非饱和带地下水储量变化的定量分离

7.3.1 用局部水文模型法进行非饱和带水储量变化的定量分离

利用局部水文模型法对地下水的流动及分布进行数值模拟，可获得台站局部区域不同深度土壤含水率的时空分布，然后依据实测地下水位区分饱和带与非饱和带的深度范围进行两者水储量变化的定量分离。局部水文模型通常采用 Richards 方程来描述，该方程基于地下水流动的质量守恒原理及达西定律（Darcy's law）推导而来，广泛应用于非饱和带土壤水渗透与流动以及饱和-非饱和带土壤水交换的研究(Zha et al., 2019; Richards, 1931)。仅考虑垂向一维渗透的 Richards 方程如下：

$$\frac{\partial \theta(z,t)}{\partial t} = \frac{\partial}{\partial z}\left[D(\theta)\frac{\partial \theta}{\partial z}\right] + \frac{\partial K(\theta)}{\partial z} \quad (7-1)$$

式中，θ 为非饱和带土壤含水量；t 为时间；z 为高出基准面的垂直高度；$D(\theta)$ 为扩散系数；$K(\theta)$ 为渗透系数(Olsson and Rose, 1978)，都与土壤性质有关，直接测定十分困难，目前通常采用指数型经验公式给定(Gardner, 1958; Pullan, 1990)。

$$K(\theta) = K_S \exp\left[-a\left(\frac{\theta_{max} - \theta}{\theta_{max} - \theta_{min}}\right)\right], \quad D(\theta) = D_S \exp\left[-b\left(\frac{\theta_{max} - \theta}{\theta_{max} - \theta_{min}}\right)\right]$$

$$(7-2)$$

式中，K_S 为土壤在饱和含水状态下的垂向渗透系数；$a(a>0)$ 表示渗透系数的变化率；D_S 为土壤在饱和含水状态下的垂向扩散系数；$b(b>0)$ 表示扩散系数的变化率；θ_{max} 为土壤的最大体积含水率（即有效孔隙度 n）；θ_{min} 为土壤的最小体积含水率（即持水度 S_r）。

要计算非饱和带土壤含水量的变化 $\theta(z,t)$，需要知道相关土壤参数的取值。由于缺乏实测数据，研究中采用的土壤参数主要来自该区域已经发表的文献，其中土壤孔隙度取值来自张为民等(2001)在武汉地区的

第7章 用超导重力技术定量分离局部非饱和带地下水储量变化

土壤样品结果,其他参数(包括渗透系数及其变化率、扩散系数及其变化率和持水度)均根据各参数取值范围选取了其经验参考值(Cheng,2016),所有土壤参数取值如表7-1所示。

表7-1 土壤参数取值

渗透系数 K_s/(m/s)	渗透系数变化率 a	扩散系数 D_s/(m²/s)	扩散系数变化率 b	孔隙度 n	持水度 S_r
4.1×10^{-8}	2.057	1.0×10^{-6}	3.947	0.240	0.129

在实际计算非饱和带土壤含水量的变化 $\theta(z,t)$ 的过程中,还要以地下水位观测数据作为非饱和带下边界的含水率条件,以降雨量观测数据与潜在蒸散发量估计的差值作为上边界的流量条件,以稳定流状态下的地下水分布(即稳态解)作为非稳态流模拟的初始条件,进行数值模拟及有限差分解算,最终获得垂向(即随深度变化)土壤含水率分布时间变化(贺前钱和孙和平,2018;贺前钱等,2016;Kazama et al.,2012),用局部水文模型法计算的武汉站垂向土壤含水率分布时间变化如图7-4所示。从图7-4中可以发现垂向土壤含水率分布与地下水位和降雨量变化类似,有明显的年际和季节性变化,各深度的土壤含水率均在夏季到达最大值,在冬季达到最小值,但时间上并不完全同步,深层的土壤含水率变化较之浅层而言存在一定的时间延迟。值得注意的是地下水位以下(尤其是埋深大于7 m的范围)的土壤含水率为常数 n($n=0.24$),处于饱和含水状态;地下水位以上的土壤含水率小于 n,处于非饱和含水状态,这是地下水位可以视为区分饱和带与非饱和带的分界面(或分界线)的基本依据。

利用局部水文模型法分离非饱和带的地下水储量变化就是基于上面计算的随深度变化的土壤含水率分布时间变化,并依据观测的地下水位 l 将计算范围分为上方的非饱和带与下方的饱和带,分别进行水储量变化的积分计算即可实现两者分离。局部水文模型法计算的非饱和带地下水储量用 $\text{WSC}_{VZ}^{\text{Modeled}}$ 表示,是指地表 z_s 至地下水位 l 之间土壤中所含水量之和,饱和带地下水储量 $\text{WSC}_{SZ}^{\text{Modeled}}$ 及总地下水储量 $\text{WSC}_{\text{Total}}^{\text{Modeled}}$ 分别为

基准面 z_0 至地下水位 l 之间的水量之和以及基准面 z_0 至地表 z_S 之间的水量之和,计算公式如下：

$$\begin{cases} \text{WSC}_{\text{VZ}}^{\text{Modeled}} = \int_{l}^{z_s} \theta_i \mathrm{d}z = \sum_{N}^{M} \theta_i \Delta z \\ \text{WSC}_{\text{SZ}}^{\text{Modeled}} = \int_{z_0}^{l} \theta_i \mathrm{d}z = \sum_{0}^{N} \theta_i \Delta z \\ \text{WSC}_{\text{Total}}^{\text{Modeled}} = \text{WSC}_{\text{VZ}}^{\text{Modeled}} + \text{WSC}_{\text{SZ}}^{\text{Modeled}} = \int_{z_0}^{z_s} \theta_i \mathrm{d}z = \sum_{0}^{M} \theta_i \Delta z \end{cases}$$

(7-3)

式中,θ_i 为第 i 层的土壤含水率；M、N 分别为地表及地下水位所处的土壤层数,其中 N 随地下水位变化而改变。图 7-5 给出了武汉站由局部水文模型法计算的地下水储量时间变化,其中灰色、蓝色和绿色实线分别为水储量总变化 $\text{WSC}_{\text{Total}}^{\text{Modeled}}$、饱和带水储量变化 $\text{WSC}_{\text{SZ}}^{\text{Modeled}}$ 及非饱和带水储量变化 $\text{WSC}_{\text{VZ}}^{\text{Modeled}}$。由图 7-5 可知,局部水文模型法计算的饱和带地下水储量变化幅度达到 1630 mm,非饱和带的地下水储量变化幅度约为 1310 mm,均远超过了地下水储量总变化幅度(约 350 mm),说明地下水储量变化的研究中需要同时考虑非饱和带及饱和带的影响。相位趋势上非饱和带的地下水储量变化几乎与饱和带地下水储量变化及总储量变化完全相反,也与图 7-1 的地下水水位及降雨量变化完全相反,说明当雨季降雨量的增加引起地下水位抬升时,非饱和带的土壤厚度会随之变薄,从而导致非饱和带地下水储量上的减小；旱季反之。

7.3.2 用超导重力技术进行非饱和带水储量变化的定量分离

在台站近区没有地表水体并忽略降雨及植被蒸散发影响的情况下,重力残差主要包含了来自地下水储量变化的信息,可近似作为表征地下水总储量变化的观测量。忽略地形起伏及介质的非均匀性,研究范围内地下水储量变化 Δh 引起的重力效应 Δg 可以用如下圆柱体公式(Heiskanen and Moritz,1967)近似表示：

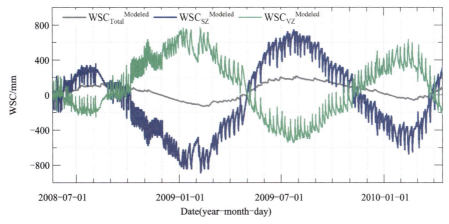

图 7-5　局部水文模型法定量分离的武汉站地下水储量变化

灰、蓝和绿实线分别为水储量总变化 $\text{WSC}_{\text{Total}}^{\text{Modeled}}$、饱和带 $\text{WSC}_{\text{SZ}}^{\text{Modeled}}$ 及非饱和带 $\text{WSC}_{\text{VZ}}^{\text{Modeled}}$ 水储量变化

$$\Delta g = 2\pi G \rho_w [\Delta h + \sqrt{r^2 + h^2} - \sqrt{r^2 + (h + \Delta h)^2}] \quad (7\text{-}4)$$

式中，G 为万有引力常数；ρ_w 为水的密度；Δh 为水储量厚度变化；r 为圆柱体半径；h 为重力测点至圆柱体面的高度。进一步扩大圆柱体半径至无穷大，公式(7-4)可以简化为如下布格平板近似公式：

$$\Delta g = 2\pi G \rho \cdot \Delta h \quad (7\text{-}5)$$

因此在平面半无限空间近似下，由重力残差估计地下水总储量变化 $\text{WSC}_{\text{Total}}^{\text{SG}}$ 的公式如下：

$$\text{WSC}_{\text{Total}}^{\text{SG}} = \Delta h = \Delta g / 2\pi G \rho_w \quad (7\text{-}6)$$

总水储量变化既包含了非饱和带又包含饱和带的水储量变化。为实现两者定量分离，借鉴 GRACE 地下水储量变化研究中将观测地下水位的深度变化转换为储量变化的做法(Rodell and Famiglietti, 2002; Feng et al., 2013)，提出了一种基于地下水位变化量 Δl 与土壤孔隙度 n 来估算饱和带水储量变化 WSC_{SZ}^n 的方法，即用地下水位变化量 Δl 乘以土壤孔隙度 n 作为 WSC_{SZ}^n 的近似，具体公式如下：

$$\text{WSC}_{\text{SZ}}^n = \Delta l \cdot n \quad (7\text{-}7)$$

式中，孔隙度 n 的取值由表 7-1 给出，表征了饱和带的地下水储量变化。在 GRACE 地下水储量变化研究中，采用的是给水度与地下水位变化量

Δl 的乘积,结果代表地下水位下降之后由原来的饱和带转换为非饱和带后释放的水量变化,或者地下水位抬升之后由原来的非饱和带转换为饱和带后存储的水量变化,表征的是地下水储量总变化而并不是饱和带的地下水储量变化,这是本研究选择土壤孔隙度 n 计算饱和带地下水储量变化的原因。

根据公式(7-7)计算得到饱和带的地下水储量变化 $\text{WSC}_{\text{SZ}}{}^n$ 之后,非饱和带地下水储量变化 $\text{WSC}_{\text{VZ}}{}^{\text{SG}}$ 便可由地下水总储量变化 $\text{WSC}_{\text{Total}}{}^{\text{SG}}$ 中减去 $\text{WSC}_{\text{SZ}}{}^n$ 得到,从而实现两者的定量分离,计算公式如下:

$$\text{WSC}_{\text{VZ}}{}^{\text{SG}} = \text{WSC}_{\text{Total}}{}^{\text{SG}} - \text{WSC}_{\text{SZ}}{}^n \tag{7-8}$$

图 7-6 给出了基于武汉站超导重力残差及地下水位观测估算的地下水储量变化。从图 7-6 中可以发现依据地下水位观测及孔隙度计算的饱和带地下水储量变化幅度约为 1630 mm,同样远超过了超导重力残差估算的总储量变化幅度(约 290 mm),两者相减得出的非饱和带地下水储量变化幅度约为 1580 mm,且相位趋势上几乎与相应的饱和带地下水储量变化及总储量变化完全相反,该结果与局部水文模型法的结果一致。

从图 7-5 和图 7-6 两种方法的分离结果可以看出,分离出的饱和及非饱和带地下水储量变化幅度均远超过了总储量变化幅度,其中非饱和带地下水储量变化相位趋势上基本与饱和带地下水储量变化及总储量变化完全相反,具体表现为当雨季地下水位随着降雨量的增加而上升时,一部分非饱和带土壤获得补给达到饱和状态而转变为饱和带,非饱和带的厚度会随之减小,从而导致非饱和带的地下水储量出现相应减少;当旱季地下水位随着降雨量的减少而下降时,一部分饱和带土壤部分释水而转变为非饱和带,非饱和带的厚度会随之增加,从而导致非饱和带的地下水储量出现相应增多。总体来看,非饱和含水层的持水作用及对地下水渗透和流动的缓冲作用减缓了地下水总储量的变化。并可以解释另一个现象:该站地下水变化达到 7 m,孔隙度约为 0.24 时,其实际观测的重力效应变化幅度只有约 12 μGal(贺前钱等,2016),远未达到布格效应[公式(7-5)]估算的 70 μGal 量级,这与非饱和带对地下水总储量变化及其重力效应的减缓作用密切相关,因此非饱和带在局部地下水储量变化及其重力场影响研究中的作用不可忽略。

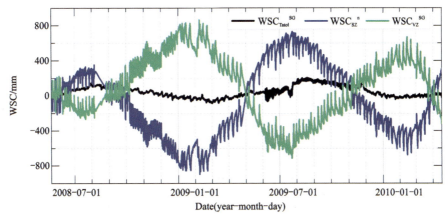

图 7-6 用超导重力技术定量分离的武汉站地下水储量变化

黑、蓝和绿线分别给出了地下水总储量变化 WSC_{Total}^{SG}、饱和带地下水储量变化 WSC_{SZ}^{n} 及非饱和带地下水储量变化 WSC_{VZ}^{SG}

7.4 非饱和带地下水储量变化定量分离结果的对比分析

7.4.1 局部水文模型法与超导重力技术定量分离结果的对比分析

用局部水文模型法定量分离的非饱和带地下水储量变化(图 7-5 绿线)与用超导重力技术定量分离的结果(图 7-6 绿线)具有较为相似的明显季节性变化,故对两种方法的定量分离结果进行进一步对比,计算两者的差异(Difference of Water Storage Change,DWSC)并讨论差异存在的原因。图 7-7 给出了武汉站基于超导重力技术(红线)和局部水文模型法(蓝线)获得的非饱和带地下水储量变化的对比图,结果表明两者具有良好的一致性,说明在武汉站已有的观测条件下,基于超导重力技术能够实现非饱和带地下水储量变化的定量分离。图 7-7 灰线表示两者的差异,最大差异在 250 mm 左右,差异的标准差约为 50 mm,占结果本身的 3%~4%,

因此该差异相对较小,其存在并不影响用超导重力技术可定量分离非饱和带地下水储量变化的结论。

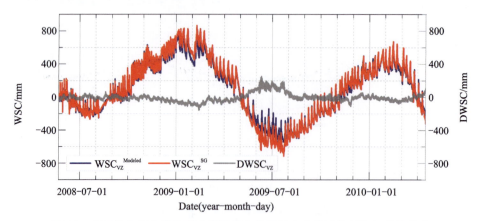

图 7-7　武汉站非饱和带地下水储量变化的局部水文模型法(蓝)与超导重力技术(红)定量分离结果的对比

灰色曲线为两者之差

为了解释上述两种方法定量分离结果间的差异,我们计算了局部水文模型法模拟的饱和带地下水储量变化与直接利用地下水观测数据的转换得到的饱和带地下水储量变化,比较结果如图 7-8 所示。结果表明两种方法获得的饱和带地下水储量变化在变化趋势上几乎完全一致,变化幅度上也相差非常小。两者之差为图 7-8 中灰色实线,差异绝对值在 20 mm 以内,差异的标准差约为 7 mm,仅占结果本身的约 0.4%,因此可以认为两者之差极小,饱和带地下水储量变化两者几乎不存在差别,说明上面两种方法的武汉站地下水储量总变化结果差异主要来自非饱和带水储量的模拟差异。

既然两种方法获得的地下水储量总变化差异主要来自非饱和带地下水储量变化的差异,就需要分析引起该差异的原因。这一方面是由于局部水文模型本身的不确定性,如模型的一维简化、参数的不准确性和非均匀性,会造成模拟结果与实际情况的偏差。另一方面是由于重力残差中包含的其他信号,如超导重力数据处理过程中残余的气压、潮汐信号、其他地球物理/动力学信号或仪器非线性漂移的影响,也是引起差异的影响因素。除了这两方面的原因之外，如果要进一步确定差异的其他原因还需要更多的局部水文地质调查数据以及更精细的超导重力观测数据处理。

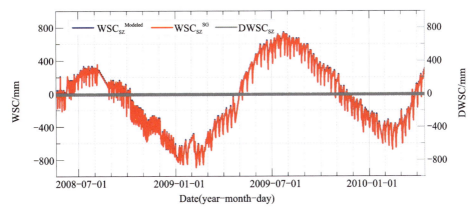

图 7-8　武汉站饱和带地下水储量变化的局部水文模型法（蓝）与超导重力技术（红）定量分离结果的对比

灰色曲线为两者间的差异

7.4.2　局部水文模型法地下水储量变化结果与 GLDAS 模型对应结果的对比分析

如前文所述，GLDAS/Noah 模型能以 3h 的时间分辨率及 0.25°×0.25°的空间分辨率给出全球地下 0~200 cm 具体深度范围内的储量等效水高时间序列，可实现该深度范围内的水储量变化定量计算（图 7-3 绿线）。与超导重力技术和局部水文模型法的定量分离结果（图 7-5 与图 7-6 绿线）相比（图 7-9），GLDAS/Noah 模型明显低估了武汉站非饱和带的地下水储量变化，仅反映了其总变化量的 9%~11%。图 7-9 对比分析结果说明由于深度范围的限制（0~200 cm），GLDAS/Noah 模型没能充分反映整个非饱和带地下水储量的变化，且仅利用该模型也无法实现非饱和带与饱和带范围的实时区分。

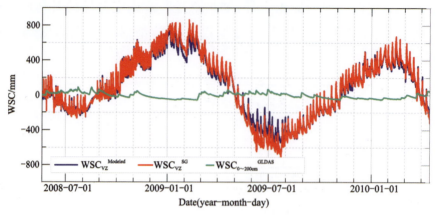

图 7-9 武汉站非饱和带地下水储量变化的局部水文模型法(蓝)与超导重力技术(红)定量分离结果及与 GLDAS 模型(绿)相应结果比较

为了与 GLDAS/Noah 模型中的非饱和带地下水储量变化进行对比,本研究用局部水文模型法计算了与该模型非饱和带地下水埋深(0～200 cm)相同的水储量变化。图 7-10 橘线和绿线分别给出了局部水文模型法与 GLDAS/Noah 模型的 0～200 cm 深度范围地下水储量变化结果,灰线给出了两者之差。结果表明,局部水文模型法与 GLDAS/Noah 模型的地下 0～200 cm 水储量变化结果大体变化趋势上对应较好,相关系数为 0.60,但在水储量变化的绝对量上差异较大(图 7-10 灰线),最大差异绝对值约 100 mm,差异标准差约 30 mm,占结果本身的 15%～18%。造成该差异的可能原因是模型之间土壤分层与性质参数、输入观测数据的元素与空间尺度的不同,如局部水文模型法利用的是台站的点位降水量、地下水位等观测数据,而 GLDAS/Noah 模型的输入数据则是空间分辨率约 0.2°的美国国家环境预测中心 NCEP(National Centers for Environmental Prediction)全球数据同化系统 GDAS(Global Data Assimilation System)气象驱动参数、空间分辨率 1.0°×1.0°的全球降水气候学计划 GPCP(Global Precipitation Climatology Project)日降水量及空间分辨率为 0.25°×0.25°的空军气象局 AFWA(Air Force Weather Agency)辐射数据集。因此 GLDAS/Noah 模型是在相对较大区域内的一个平均效果,对于区域范围的趋势项模拟较为准确,但在局部范围的精细模拟上还略有不足。

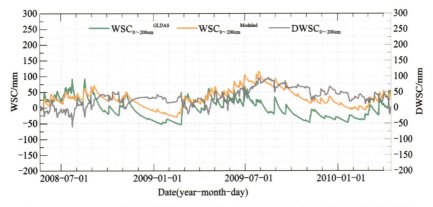

图 7-10　0~200cm 深度范围非饱和带地下水储量变化的局部水文模型法(橘)
与 GLDAS/Noah 模型(绿)结果对比

灰色为两者之差

7.5　本章小结

本章提出了一种定量分离非饱和带地下水储量变化的新方法,即基于超导重力技术实现非饱和带与饱和带地下水储量变化的定量分离,并以武汉站(2008 年 5 月至 2010 年 4 月)的超导重力观测数据为例,结合地下水位观测数据对新方法进行了实例验证。获得了武汉站非饱和带地下水储量变化的定量分离结果,与局部水文模型法和 GLDAS/Noah 模型的非饱和带地下水储量变化进行了对比。

研究结果表明,利用超导重力技术和局部水文模型法定量分离的武汉站非饱和带地下水储量变化有很好的一致性,说明利用超导重力与地下水位观测可实现局部非饱和带地下水储量变化的定量分离。定量分离的非饱和带地下水储量变化与地下水总储量及饱和带储量的变化趋势几乎完全相反,说明其具有明显减缓地下水储量变化及其水文重力效应的作用,在局部地下水储量变化及其重力场影响的研究中不可忽略。武汉站的 GLDAS/Noah 模型结果与上述两种方法的结果相差较大,仅占到后者的约 10%,说明 GLDAS/Noah 由于模拟深度范围的限制、模型空间尺度较大等原因无法完整反映整个非饱和带的地下水储量变化,该模型在非饱和带地下水储量的精确估计方面仍有较大改进空间。

尽管利用超导重力技术与局部水文模型法都能实现武汉站非饱和带的地下水储量变化定量分离,但两者各自有自身的适用性。局部水文模型法具有物理意义,且独立于重力观测,适用于水文气象资料丰富及地质构造条件清楚的台站。基于超导重力技术的分离法简便直接,在缺乏台站局部的水文地质构造及水文气象资料且具备超导重力仪观测的台站,可采用此方法获得台站非饱和带地下水储量的定量估计。因此两种方法有各自的优缺点,具体选用时应该全面考虑台站实际情况。

第8章 总结与展望

8.1 总　结

本书利用拉萨站和武汉九峰站两个超导重力台站的高精度重力观测数据和水文、气象等资料,对两个台站的地下水重力效应分别进行了详细研究。主要内容与结论如下:

(1)简单介绍了超导重力仪的主要部件和基本工作原理,并对超导重力仪的格值标定、数据的预处理方法和调和分析原理进行了说明,以拉萨站 2009 年 12 月至 2014 年 3 月的超导重力观测为例进行了处理,给出了相关的结果。为了研究重力观测中的地下水效应,对超导重力观测中的潮汐、气压、极移和漂移效应进行了计算和扣除,得到主要与地下水变化相关的超导重力残差。相关性分析表明,拉萨站超导重力残差和地下水位高度相关,两者之间的相关系数高达 0.71。

(2)利用地下水流动的达西定律和表征质量守恒原理的连续性方程,详细推导了非饱和层的地下水渗透方程。根据有限差分法的基本原理,详细给出了渗透方程 3 种差分格式的有限差分解算方法。在获得的地下水分布基础上给出了计算相应地下水重力效应的方法。最后对比分析了不同解算方法对地下水模拟结果及其相应地下水重力效应的影响,并对其中的层间参数取值和非线性方程的线性化问题进行了探讨。结果表明,在日本 Isawa 扇形地区超导台站,不同层间参数加权公式最大能够引起约 0.15 μGal 的重力效应差异,影响在 1.9% 以内;不同差分格式和线性化方法组合形式最大能够引起约 0.12 μGal 的重力效应差异,影响在 1.5% 以内。该结果可以为一维地下水模拟及重力效应改正的算法选取提供一定的参考,并应用于后续其他地区的研究中。

(3)利用中国气象局国际交换站的气象资料和监测水井的水位观测,

对拉萨站和武汉九峰站超导重力台站的局部地下水分布及其重力效应进行了模拟,结果显示,拉萨站和武汉九峰站局部地下水重力效应的峰对峰变化幅度分别达到 4.88 μGal 和 15.94 μGal,说明对精密重力观测进行局部地下水改正的必要性。而两个台站地下水重力效应的幅度差异主要与两处地下水位的变化幅度大小有关,武汉九峰站的地下水位变化达到 8 m,而拉萨站的地下水位变化则不到 2 m。从时域和频域两个方面分别对模拟计算的地下水重力效应和超导重力残差进行对比,发现两者在趋势上均有很好的一致性,这说明超导重力残差的主要信号来源是局部区域地下水的变化,同时这种一致性也验证了本书模拟结果的正确性。此外,超导重力残差能够很好地反映出地下水重力效应随时间变化的季节性和年际性特征,因此,采用超导重力残差可以获得台站局部地区的平均地下水分布,为了解地下水的渗透过程提供重要约束。然而,模拟值和观测值之间依然存在着振幅和相位上的偏差,这需要加入地形和更加详细的水文观测资料来提高模拟结果的精度。

(4) 利用不同的全球水文模型对拉萨站的地下水重力效应进行了计算,并与超导重力残差进行了对比。结果表明,ERA-Interim 和 MERRA-land 模型的计算结果变化幅度明显偏大,说明这两种模型可能存在高估拉萨站地下水变化的现象。ECMWF 数值模型的计算结果存在一个不合理的明显长期下降趋势,说明该模型错误估计了拉萨站地下水的长期变化。GLDAS/noah 模型的计算结果明显偏小,说明该模型可能低估了拉萨站的地下水变化。而本书采用的地下水动力学模拟方法计算的拉萨站局部水文重力效应与超导重力残差的差异有着更低的标准差,说明相比这几种全球水文模型,本书采用的地下水动力学模拟能够更好地估计拉萨站的局部地下水变化及其水文重力效应。

(5) 以拉萨站为例,讨论了初始条件和土壤参数对局部地下水分布及重力效应的影响。虽然初始条件的差异能够引起较大的初始重力效应差异,但随时间的推移,差异会很快消失。而准确的土壤参数(包括但不限于 K_S、D_S、a 和 b),尤其是 K_S 和 D_S 的取值,对地下水分布及其重力效应的模拟非常重要。因此,想要更加精确地模拟地下水分布及其重力效应,需

第8章 总结与展望

要对土壤参数值进行更加准确地测定。

(6) 简单讨论了武汉九峰站地形对其地下水重力效应计算的影响,在倾斜平板模型中,武汉九峰站山体坡度(约3.5%)对水文重力效应估计的影响约为0.06%,在可以忽略的范围内。当然,这也是作了很多简化之后获得的估计,实际地形和地质构造往往要复杂得多,还需要收集尽可能详细的水文地质和地形等资料,采用三维的地下水渗透模型来进行模拟计算。

(7) 以武汉九峰站为例,从标准差、振幅因子和残差频谱3个方面分析了该站地下水对重力固体潮调和分析结果的影响。数值结果表明地下水位季节变化项的振幅要比其他潮汐频段的谱峰大2个数量级左右,因此可确定地下水变化的能量主要集中在季节项上,但是周日及更短周期的频段也有少量能量。在不加高通滤波的情况下,考虑地下水位变化的影响对调和分析的总标准差稍有减小,周日频段、半周日频段、三分之一周日频段和四分之一周日频段的标准差都稍有增大,地下水对周期大于周日的长周期频段结果影响明显。在加高通滤波的情况下,加入地下水后调和分析的标准差及振幅因子的结果几乎没有变化,残差振幅谱的差异在 $\pm 0.001 \text{ nm/s}^2$ 之内,说明对周日及更短周期的潮汐频段调和分析时,无需考虑地下水的影响。研究结果可为重力潮汐数据中的地下水重力影响研究及更精确的重力固体潮汐参数的获取提供重要参考。

(8) 提出了一种定量分离非饱和带地下水储量变化的新方法,即基于超导重力技术实现非饱和带与饱和带地下水储量变化的定量分离,并以武汉站(2008年5月至2010年4月)的超导重力观测数据为例,结合地下水位观测数据对新方法进行了实例验证。获得了武汉站非饱和带地下水储量变化的定量分离结果,与局部水文模型法和GLDAS/Noah模型的非饱和带地下水储量变化进行了对比研究,结果表明,利用超导重力技术和局部水文模型法定量分离的武汉站非饱和带地下水储量变化有很好的一致性,说明利用超导重力与地下水位观测可实现局部非饱和带地下水储量变化的定量分离。定量分离的非饱和带地下水储量变化与地下水总储量及饱和带储量的变化趋势几乎完全相反,说明其具有明显减缓地下水储量变化及其水文重力效应的作用,在局部地下水储量变化及其重力场影响的研究中不可忽略。武汉站的 GLDAS/Noah 模型结果与上述两种方法的结果相差较大,仅占到后者的约 10%,说明 GLDAS/Noah 由于模拟深度范围的限制、模型空间尺度较大等原因无法完整反映整个非饱和带的地下水储量变化,该模型在非饱和带地下水储量的精确估计方面仍有较大改进空间。

8.2 工作展望

本书虽然取得一些初步的研究成果,但仍存在许多有待改进的地方,结合现有的研究基础、不足和未来研究方向,下一步的工作设想如下:

(1)在台站收集更多的水文、地质、地形资料,如土壤湿度观测、土壤参数测定、地质分层结构、地形测量等,采用三维地下水模拟软件(如 Visual MODFLOW)将水平方向上的水流运动考虑进来,对台站局部区域的地下水分布进行精确地模拟,实施高精度的地下水重力效应研究。

(2)在拉萨站引入绝对重力仪联测,更好地标定超导重力仪。在高精度地下水重力效应改正的基础上,确定西藏地区重力场的长周期变化,并联合超导重力与 GPS 形变观测,研究青藏高原的动力学过程。

(3)联合 GRACE 重力卫星观测,实施 GRACE 与地面超导重力观测的对比,并进一步将重力观测应用于地下水储量变化、土壤参数估计、水文模型约束等方面,实现超导重力的水文学应用。

主要参考文献

陈崇希,1990.地下水流动问题数值方法[M].武汉:中国地质大学出版社.

陈晓东,2003.武汉九峰台超导重力仪固体潮观测资料的预处理和分析结果[D].武汉:中国科学院.

陈晓东,孙和平,2002.一种新的重力潮汐数据预处理和分析方法[J].大地测量与地球动力学,22:83-87.

方俊,1984.固体潮[M].北京:科学出版社.

贺前钱,2019.地下水变化对重力场观测的影响[J].测绘学报,48(3):402.

贺前钱,陈晓东,2020.武汉大地站地下水位变化对重力固体潮调和分析精确度的影响[J].东华理工大学学报(自然科学版),43(6):534-539.

贺前钱,罗少聪,孙和平,等,2016.武汉九峰站地下水变化对重力场观测的影响[J].地球物理学报,59(8):2765-2772.

贺前钱,孙和平,2018.水文重力效应改正中一维地下水模拟算法的对比[J].大地测量与地球动力学,38(5):529-532.

贾民育,游泽霖,万素凡,等,1983.地下水活动对精密重力测量的影响及排除方法[J].地壳形变与地震(1):50-67.

江颖,胡小刚,刘成利,等,2014.利用地球自由振荡观测约束芦山地震的震源机制解[J].中国科学(D辑:地球科学),44(12):2689-2696.

刘杰,方剑,李红蕾,等,2015.青藏高原GRACE卫星重力长期变化[J].地球物理学报,58(10):3496-3506.

孙和平,2004.重力场的时间变化与地球动力学[J].中国科学院院刊,19(3):189-193.

孙和平,陈晓东,许厚泽,等,2001.GWR 超导重力仪潮汐观测标定因子的精密测定[J].地震学报,23(6):651-658.

孙和平,徐建桥,Ducarme B,2004.基于国际超导重力仪观测资料检测地球固态内核的平动振荡[J].科学通报,49(8):803-813.

孙和平,徐建桥,许厚泽,2002.我国 GWR 超导重力仪观测资料应用研究进展[J].大地测量与地球动力学,22(4):106-111.

孙和平,许厚泽,徐建桥,等,2000.重力场的潮汐变化观测及其研究[J].地球科学进展,15(1):53-57.

孙和平,许厚泽,周江存,等,2005.武汉超导重力仪观测最新结果和海潮模型研究[J].地球物理学报,48(2):299-307.

王博,2003.青藏线拉萨车站水源地地下水开采资源的评价研究[J].水利与建筑工程学报,1(2):21-23+61.

王勇,张为民,詹金刚,等,2004.重复绝对重力测量观测的滇西地区和拉萨点的重力变化及其意义[J].地球物理学报,47(1):95-100.

邢乐林,孙文科,李辉,等,2011.用拉萨点大地测量资料检测青藏高原地壳的增厚[J].测绘学报,40(1):41-44.

徐建桥,陈晓东,周江存,等,2012.拉萨重力潮汐变化特征[J].科学通报,57(22):2094-2101.

徐建桥,孙和平,罗少聪,2001.利用国际超导重力仪观测资料研究地球自由核章动[J].中国科学(D 辑:地球科学),31(9):719-726.

徐建桥,周江存,陈晓东,等,2014.武汉台重力潮汐长期观测结果[J].地球物理学报,57(10):3091-3102.

徐建桥,周江存,罗少聪,等,2008.武汉台重力长期变化特征研究[J].科学通报,28(5):583-588.

许厚泽,孙和平,徐建桥,等,2000.武汉国际重力潮汐基准研究[J].中国科学(D 辑:地球科学),30(5):549-553.

岳建利,何志堂,祝意青,等,2010.利用绝对重力测量对大地原点地下水沉降的研究[J].测绘科学,35(2):18-20.

张人权,2011.水文地质学基础[M].北京:地质出版社.

张为民,王勇,2007.九峰动力大地测量中心实验站绝对重力测量[J].大地测量与地球动力学,27(4):44-46.

张为民,王勇,许厚泽,等,2000.用 FG5 绝对重力仪检测青藏高原拉萨点的隆升[J].科学通报,45(20):2213-2216.

张为民,王勇,张赤军,2001.土壤浸湿对重力观测影响的初步分析[J].测绘学报,30(3):108-111.

张蔚榛,张瑜芳,1983.土壤释水性和给水度数值模拟的初步研究[J].水文地质工程地质(5):22-32.

张文贤,王政章,杨永红,等,2010.西藏地区土壤渗透性能研究[J].安徽农业科学,(38):5197-5199.

张元禧,施鑫源,1998.地下水水文学[M].北京:中国水利水电出版社.

周红伟,徐建桥,孙和平,等,2009.影响武汉台重力和垂直位移观测的环境因素[J].大地测量与地球动力学,29(3):55-59.

ABE M,TAKEMOTO S,FUKUDA Y,et al.,2006. Hydrological effects on the superconducting gravimeter observation in Bandung[J]. Journal of Geodynamics,41(1-3):288-295.

ARORA B,DWIVEDI D,FAYBISHENKO B,et al.,2019. Understanding and predicting vadose zone processes[J]. Reviews in Mineralogy and Geochemistry,85(1):303-328.

BERRISFORD P,KåLLBERG P,KOBAYASHI S,et al.,2011. Atmospheric conservation properties in ERA-Interim[J]. Quarterly Journal of the Royal Meteorological Society,137(659):1381-1399.

BONATZ M,1967. Der Gravitationseinfluss der Bodenfeuchte[J]. Zeitschrift fur Vermessungswesen(92):135-139.

BOY J P,HINDERER J,2006. Study of the seasonal gravity signal in superconducting gravimeter data[J]. Journal of Geodynamics,41(1-3):227-233.

CHAMPOLLION C,DEVILLE S,CHéRY J,et al.,2018. Estimating epikarst water storage by time-lapse surface-to-depth gravity measurements[J]. Hydrol. Earth Syst. Sci. , 22(7):3825-3839.

CHEN K H, HWANG C, CHANG L C,et al. , 2018. Short-time geodetic determination of aquifer storage coefficient in taiwan[J]. J Geophys Res, 123(12):10987-11015.

CHEN X,SUN H,XU H,et al. ,2013. Determination of the Calibration Factor of Superconducting Gravimeter 057 at the Lhasa Station:A frequency-Domain Approach[J]. Terrestrial Atmospheric & Oceanic Sciences,24(4-1):629.

CHRISTIANSEN L, BINNING P J, ROSBJERG D, et al. , 2011a. Using time-lapse gravity for groundwater model calibration:An application to alluvial aquifer storage[J/OL]. Water Resources Research,47(6):667-671.

CHRISTIANSEN L, HAARDER E B, HANSEN A B, et al. , 2011b. Calibrating vadose zone models with time-lapse gravity data. Vadose Zone J, 10(3):1034-1044.

CREUTZFELDT B, GUNTNER A, VOROGUSHYN S, et al. , 2010a. The benefits of gravimeter observations for modelling water storage changes at the field scale[J/OL]. Hydrology and Earth System Sciences, 14(9):1715-1730.

CREUTZFELDT B, GUNTNER A, WZIONTEK H, et al. , 2010b. Reducing local hydrology from high-precision gravity measurements:a lysimeter-based approach[J]. Geophysical Journal International, 183(1):178-187.

CROSSLEY D, HINDERER J, RICCARDI U,2013. The measurement of surface gravity[J]. Rep Prog Phys, 76(4): 046101.

CROSSLEY D, HINDERER J, 1995. Global geodynamics project-GGP:status report 1994. Proc. Second IAGWorkshop on "Non-tidal gravity changes:Inter comparison between absolute and superconducting gravimeters", Cahiers du Centre Européen de Géodynamique et de

Séismologie[J]. Luxembourg(11):244-274.

CROSSLEY D,HINDERER J,CASULA G,et al.,1999. Network of superconducting gravimeters benefits a number of disciplines[J]. EOS Transactions(80):121-126.

CROSSLEY D,JENSEN O,HINDERER J,1995. Effective barometric admittance and gravity residuals[J]. Physics of the Earth and Planetary Interiors,90(3-4):221-241.

DAVIDSON J M,STONE L R,Nielsen D R,et al.,1969. Field Measurement and Use of Soil-Water Properties[J]. Water Resources Research,5(6):1312-1321.

FENG W, ZHONG M, LEMOINE J M,et al., 2013. Evaluation of groundwater depletion in north china using the gravity recovery and climate experiment (grace) data and ground-based measurements[J]. Water Resour Res, 49(4):2110-2118.

FORES B, CHAMPOLLION C, MOIGNE N L,et al., 2017. Assessing the precision of the igrav superconducting gravimeter for hydrological models and karstic hydrological process identification[J]. Geophys J Int, 208(1):269-280.

FRANCIS O,VAN CAMP M,VAN DAM T,et al.,2004. Indication of the uplift of the Ardenne inlong-term gravity variations in Membach (Belgium)[J]. Geophysical Journal International,158(1):346-352.

GARDNER W R,1958. MATHEMATICS OF ISOTHERMAL WATER CONDUCTION IN UNSATURATED SOIL[J]. Highway Research Board Special Report.

GARDNER W R,MAYHUGH M S, 1958. Solutions and tests of the diffusion equation for the movement of water in soil[J]. Soil Sci. Soc. Am. J., 22(3):197-201.

GOODKIND J M,1986. Continuous Measurement of Nontidal Variations of Gravity[J]. Journal of Geophysical Research-Solid Earth and

Planets, 91(B9):9125-9134.

GOODKIND J M, 1999. The superconducting gravimeter[J]. Review of Scientific Instruments, 70(11):4131-4152.

GüNTNER A, REICH M, MIKOLAJ M, et al., 2017. Landscape-scale water balance monitoring with an igrav superconducting gravimeter in a field enclosure[J]. Hydrology & Earth System Sciences Discussions, 21(6):1-28.

HARNISCH G, HARNISCH M, 2006. Hydrological influences in long gravimetric data series [J]. Journal of Geodynamics, 41 (1-3):276-287.

HARTMANN T, WENZEL H G, 1995. The HW95 tidal potential catalogue[J]. Geophysical Research Letters, 22(24):3553-3556.

HECTOR B, SEGUIS L, HINDERER J, et al., 2013. Gravity effect of water storage changes in a weathered hard-rock aquifer in West Africa: results from joint absolute gravity, hydrological monitoring and geophysical prospection[J]. Geophysical Journal International, 194(2):737-750.

HEISKANEN W A, MORITZ H, 1967. Physical geodesy[J]. Bulletin Géodésique (1946-1975), 86(1):491-492.

HINDERER J, HECTOR B, RICCARDI U, et al., 2020. A study of the monsoonal hydrology contribution using a 8-yr record (2010—2018) from superconducting gravimeter osg-060 at djougou (Benin, west Africa)[J]. Geophys J Int, 221(1):431-439.

HINDERER J, CROSSLEY D, 2000. Time variations in gravity and inferences on the Earth's structure and dynamics[J]. Surveys in Geophysics, 21(1):1-45.

HINDERER J, CROSSLEY D, 2004. Scientific achievements from the first phase (1997-2003) of the Global Geodynamics Project using a worldwide network of superconducting gravimeters[J]. Journal of Geodynamics, 38(3-5):237-262.

HINDERER J,CROSSLEY D,WARBURTON R J,2007. Gravimetric methods-superconducting gravity meters[J]. Treatise on Geophysics,3:65-122.

HINDERER J,FLORSCH N,MäKINEN J,et al.,1991. On the calibration of a superconducting gravimeter using absolute gravity measurements[J]. Geophysical Journal International,106(2):491-497.

HINDERER J,ROSAT S,CROSSLEY D,et al.,2002. Influence of different processing methods on the retrieval of gravity signals from GGP data[J]. Bull. Inf. Marées Terrestres(135):10 653-10 668.

HWANG C,KAO R,CHENG C C,et al.,2009. Results from parallel observations of superconducting and absolute gravimeters and GPS at the Hsinchu station of Global Geodynamics Project,Taiwan[J]. Journal of Geophysical Research-Solid Earth,114(B07406).

IMANISHI Y,KOKUBO K,TATEHATA H,2006. Effect of underground water on gravity observation Matsushiro,Japan[J]. Journal of Geodynamics,41(1-3):221-226.

IZBICKI J A, FLINT A L, STAMOS C L,2008. Artificial recharge through a thick, heterogeneous unsaturated zone[J]. Groundwater, 46(3):475-488.

JACOB T, BAYER R, CHERY J,et al., 2008. Absolute gravity monitoring of water storage variation in a karst aquifer on the larzac plateau (southern france)[J]. J Hydrol, 359(1-2):105-117.

JAHR T,JENTZSCH G,WEISE A,2009. Natural and man-made induced hydrological signals,detected by high resolution tilt observations at the Geodynamic Observatory Moxa/Germany[J]. Journal of Geodynamics,48(3):126-131.

KAZAMA T,OKUBO S,2009. Hydrological modeling of groundwater disturbances to observed gravity: Theory and application to Asama Volcano,Central Japan[J]. Journal of Geophysical Research-Solid Earth,

114(B08402).

KAZAMA T,OKUBO S,SUGANO T,et al. ,2015. Absolute gravity change associated with magma mass movement in the conduit of Asama Volcano (Central Japan), revealed by physical modeling of hydrological gravity disturbances[J]. Journal of Geophysical Research:Solid Earth,120 (2):1263-1287.

KAZAMA T,TAMURA Y,ASARI K,et al. ,2012. Gravity changes associated with variations in local land-water distributions:Observations and hydrological modeling at Isawa Fan,northern Japan[J]. Earth Planets and Space,64(4):309-331.

KENNEDY J R,FERRé T P A, CREUTZFELDT B, 2016. Time-lapse gravity data for monitoring and modeling artificial recharge through a thick unsaturated zone[J]. Water Resour Res, 52(9): 7244-7261.

KENNEDY J, FERRE T P A, GUNTNER A, et al. , 2014. Direct measurement of subsurface mass change using the variable baseline gravity gradient method[J]. Geophys Res Lett, 41(8):2827-2834.

KRAUSE P,NAUJOKS M,FINK M,et al. ,2009. The impact of soil moisture changes on gravity residuals obtained with a superconducting gravimeter. Journal of Hydrology,373(1-2):151-163.

KRONER C,JAHR T, 2006. Hydrological experiments around the superconducting gravimeter at Moxa Observatory[J]. Journal of Geodynamics,41(1-3):268-275.

LAMBERT A,COURTIER N,SASAGAWA G S,et al. ,2001. New constraints on laurentide postglacial rebound from absolute gravity measurements[J]. Geophysical Research Letters,28(10):2109-2112.

LAMPITELLI C,FRANCIS O,2010. Hydrological effects on gravity and correlations between gravitational variations and level of the Alzette River at the station of Walferdange, Luxembourg[J]. Journal of Geodynamics,49(1):31-38.

LEIRIãO S, HE X, CHRISTIANSEN L, et al., 2009. Calculation of the temporal gravity variation from spatially variable water storage change in soils and aquifers[J]. Journal of Hydrology, 365(3): 302-309.

LIEN T, CHENG C, HWANG C, et al., 2014. Assessing active faulting by hydrogeological modeling and superconducting gravimetry: A case study for Hsinchu Fault, Taiwan[J]. Journal of Geophysical Research: Solid Earth, 119.

LONGUEVERGNE L, BOY J P, FLORSCH N, et al., 2009. Local and global hydrological contributions to gravity variations observed in Strasbourg[J]. Journal of Geodynamics, 48(3-5): 189-194.

MAYFIELD K K, EISENHAUER A, SANTIAGO RAMOS D P, et al., 2021. Groundwater discharge impacts marine isotope budgets of Li, Mg, Ca, Sr, and Ba[J]. Nat. Commun., 12(1): 148.

MEURERS B, VAN CAMP M, PETERMANS T, 2007. Correcting superconducting gravity time-series using rainfall modelling at the Vienna and Membach stations and application to Earth tide analysis[J]. Journal of Geodesy, 81(11): 703-712.

MIKOLAJ, M, REICH, M, GüNTNER, A, 2019. Resolving geophysical signals by terrestrial gravimetry: a time domain assessment of the correction-induced uncertainty[J]. J. Geophys. Res. Solid Earth, 124(2): 2153-2165.

MONTGOMERY E L, 1971. Determination of coefficient of storage by use of gravity measurements[D]. Tucson: Univ. of Ariz.

MOUYEN M, LONGUEVERGNE L, CHALIKAKIS K, et al., 2019. Monitoring of groundwater redistribution in a karst aquifer using a superconducting gravimeter[J]. E3S Web Conf., 88: 03001.

NAUJOKS M, EISNER S, KRONER C, et al., 2012. Local hydrological information in gravity time series: application and reduction, Geodesy for Planet Earth[J]. Springer: 297-304.

NAWA K, SUDA N, YAMADA I, et al., 2009. Coseismic change and precipitation effect in temporal gravity variation at Inuyama, Japan: A case of the 2004 off the Kii peninsula earthquakes observed with a superconducting gravimeter[J]. Journal of Geodynamics, 48(1): 1-5.

NIEBAUER T M, SASAGAWA G S, FALLER J E, et al., 2005. A new generation of absolute gravimeters[J]. Metrologia, 32(3): 159.

OKE T R, 1978. Boundary Layer Climates[M]. London: Methuen & Co.

OLSSON K, ROSE C, 1978. Hydraulic properties of a red-brown earth determined from in situ measurements[J]. Australian Journal of Soil Research, 16(2): 169-180.

PENMAN H L, 1948. Natural evaporation from open water, bare soil and grass[J]. proceedings of the royal society of london. 193(1032): 120-145.

PFEFFER J, CHAMPOLLION C, FAVREAU G, et al., 2013. Evaluating surface and subsurface water storage variations at small time and space scales from relative gravity measurements in semiarid niger[J]. Water Resour Res, 49(6): 3276-3291.

PFEFFER J, BOUCHER M, HINDERER J, et al., 2011. Local and global hydrological contributions to time-variable gravity in Southwest Niger[J]. Geophysical Journal International, 184(2): 661-672.

POOL D R, HATCH M, 1991. Gravity response to storage change in the vicinity of infiltration basins[C]//Proceedings of the fifth biennial symposium on artificial recharge of groundwater, Tucson, Arizona: 171.

PROTHERO W A, GOODKIND J M, 1968. Superconducting gravimeter[J]. Review of Scientific Instruments, 39(9): 1257-1262.

PULLAN A J, 1990. The quasilinear approximation for unsaturated porous media flow[J]. Water Resources Research, 26(6): 1219-1234.

REICH M, MIKOLAJ M, BLUME T, et al., 2019. Reducing gravity data for the influence of water storage variations beneath observatory buildings[J]. Geophysics, 84(1):EN15-EN31.

REICHLE R H, KOSTER R D, DE LANNOY G J M, et al., 2011. Assessment and enhancement of MERRA land surface hydrology estimates[J]. Journal of Climate, 24(24):6322-6338.

RICHARDS L A, 1931. Capillary conduction of liquids through porous mediums[J]. Physics, 1(5):318-333.

RICHTER B, 1983. The long-period tides in the Earth tide spectrum. In:Proceedings of XVIII Gen. Ass. IAG, Hamburg[M]. Columbus, Ohio: Ohio State University Press.

RICHTER B, ZERBINI S, MATONTI F, et al., 2004. Long-term crustal deformation monitored by gravity and space techniques at Medicina, Italy and Wettzell, Germany[J]. Journal of Geodynamics, 38(3): 281-292.

RODELL M, FAMIGLIETTI J S, 2002. The potential for satellite-based monitoring of groundwater storage changes using grace: The High Plains aquifer, Central US[J]. J Hydrol, 263(1-4):245-256.

RODELL M, HOUSER P R, JAMBOR U E A, et al., 2004. The global land data assimilation system[J]. Bulletin of the American Meteorological Society, 85(3):381-394.

SATO T, BOY J P, TAMURA Y, et al., 2006. Gravity tide and seasonal gravity variation at Ny-Alesund, Svalbard in Arctic[J]. Journal of Geodynamics, 41(1):234-241.

SATO T, MIURA S, SUN W K, et al., 2012. Gravity and uplift rates observed in southeast Alaska and their comparison with GIA model predictions[J]. Journal of Geophysical Research-Solid Earth, 117:B01401.

SHAAKEEL H, TROCH P A, BOGAART P W, et al., 2008. Evaluating catchment-scale hydrological modeling by means of terrestrial gravity observations[J]. Water Resources Research, 44(8):194-198.

SHIOMI S, 2008. Proposal for a geophysical search for dilatonic waves[J]. Physical Review D,78(4):042001.

STEFFEN H,GITLEIN O,DENKER H,et al. ,2009. Present rate of uplift in Fennoscandia from GRACE and absolute gravimetry[J]. Tectonophysics,474(1-2):69-77.

STEPHENS D B, 2018. Vadose zone hydrology[M]. Boca Raton: CRC Press.

SUN H,ZHANG H,XU J,et al. ,2019. Influences of the Tibetan plateau on tidal gravity detected by using SGs at Lhasa,Lijiang and Wuhan Stations in China[J]. Terrestrial Atmospheric and Oceanic Sciences,30(1):139-149.

SUN H P,XU J Q,CHEN X D,et al. ,2013. Results of Gravity Observations Using a Superconducting Gravimeter at the Tibetan Plateau[J]. Terrestrial Atmospheric and Oceanic Sciences,24(4):541-550.

SUN W K,WANG Q,LI H,et al. ,2009. Gravity and GPS measurements reveal mass loss beneath the Tibetan Plateau:Geodetic evidence of increasing crustal thickness[J]. Geophysical Research Letters,36(2):206-218.

SUN W,WANG Q,LI H,et al. ,2011. A Reinvestigation of Crustal Thickness in the Tibetan Plateau Using Absolute Gravity, GPS and GRACE Data [J]. Terrestrial Atmospheric & Oceanic Sciences, 22(2):109.

TAMURA Y,SATO T,OOE M,et al. ,1991. A procedure for tidal analysis with a Bayesian information criterion[J]. Geophysical Journal International,104(3):507-516.

THORNTHWAITE C W, 1948. An Approach toward a Rational Classification of Climate[J]. Geographical Review,38(1):55-94.

VAN CAMP M,FRANCIS O,2007. Is the instrumental drift of superconducting gravimeters a linear or exponential function of time? [J]. Journal of Geodesy,81(5):337-344.

VAN CAMP M, VANCLOOSTER M, CROMMEN O, et al., 2006. Hydrogeological investigations atthe Membach station, Belgium, and application to correct long periodic gravity variations[J]. Journal of Geophysical Research-Solid Earth, 111(B10).

VAN CAMP M, VAUTERIN P, 2005. Tsoft: graphical and interactive software for the analysis of time series and Earth tides[J]. Comput. Geosci. UK, 31(5): 631-640.

VAN CAMP M, DE VIRON O, WATLET A, et al., 2017. Geophysics from terrestrial time-variable gravity measurements[J]. Rev Geophys. 55: 938-992.

VENEDIKOV A P, ARNOSO J, VIEIRA R, 2003. VAV: a program for tidal data processing[J]. Computers & Geosciences, 29(4): 487-502.

VOIGT C, SCHULZ K, KOCH F, et al., 2021. Technical note: Introduction of a superconducting gravimeter as novel hydrological sensor for the Alpine research catchment Zugspitze[J]. Hydrol. Earth Syst. Sci. 25(9): 5047－5064.

WAHR J M, 1981. Body tides on an elliptical, rotating, elastic and oceanless earth[J]. Geophysical Journal International, 64(3): 677-703.

WARBURTONR, PILLAIH, REINEMANR, 2010. Initial results with the new gwr igrav™ superconducting gravity meter. Proceedings IAG symposium on terrestrial gravimetry: static and mobile measurements (TG-SMM2010)[C]. Saint Petersburg, Russia. 22-25 June.

WENZEL H G, 1996. The Nanogal Software: Earth Tide Data Processing Package ETERNA 3.30[J]. Bull. Inf. Marées Terrestres(124): 9425-9439.

WOOLLARD G P, 1956. Data on LaCoste and Romberg Tidal Gravity Meters[J]. Bull. d'Inf. Marées Terr(1): 2-3.

ZERBINI S, RICHTER B, NEGUSINI M, et al., 2001. Height and gravity variations by continuous GPS, gravity and environmental parameter observations in the southern Po Plain, near Bologna, Italy[J]. Earth &

Planetary Science Letters, 192(3): 267-279.

ZHA Y, YANG J, ZENG J, et al., 2019. Review of numerical solution of richardson-richards equation for variably saturated flow in soils [J]. Wiley Interdisciplinary Reviews: Water, 6: e1364.

ZHANG M, XU J, SUN H, et al., 2016. OSG-057 Superconducting Gravimeter Noise Levels in Lhasa (China) [J]. Terrestrial Atmospheric & Oceanic Sciences, 27: 807-817.

風間卓仁, 2007. 重力観測における地下水ノイズ補正 〜火山活動モニタリングの高精度化に向けて〜. [D]. 东京: 東京大学.

風間卓仁, 2010. 重力観測データに含まれる地下水擾乱の水文学的モデリング 〜火山体マグマ移動の高精度なモニタリングを目指して〜. [D]. 东京: 東京大学.